MAKEUP DESIGN

이화순 · 장미숙 · 조기여 · 이운현 · 황지호

경 춘 사

국립중앙도서관 출판시도서목록(CIP)

Makeup design / 지은이: 이화순, 장미숙, 조기여, 이운현, 황지호. — 서울 : 경춘사, 2014
p. ; cm

ISBN 978-89-5895-130-8 93590 : ₩25000

화장(미용)[化粧]
메이크업[make-up]

593.24-KDC5
646.726-DDC21 CIP2014005563

MAKEUP DESIGN

지은이 | 이화순 · 장미숙 · 조기여 · 이운현 · 황지호
발행인 | 안 중 기
발행처 | 도서출판 경춘사
등록번호 | 제10-153(1987. 11. 28)

인쇄 | 2014년 3월 1일
발행 | 2014년 3월 10일

서울특별시 마포구 공덕 1동 117-25 경춘빌딩 101호

전화 | 716-2502, 714-5246
팩스 | 704-0688

값 25,000원

ISBN 978-89-5895-130-8 93590

책을 내면서

메이크업은 이론으로 표현되는 것이 아니다. 손 작업과정을 통하여 표현되고 연출되는 것이다. 따라서 메이크업 디자인을 연출하기 위해서는 기초지식의 일상적인 훈련과 반복된 실기 연습을 통하여 숙달되어야 전문성과 기능성을 갖출 수 있다. 여기에 영감이 가해지고 목적하는 메이크업 디자인의 아이디어가 탄생하는 것이다.

훌륭한 메이크업 아티스트로 성장하기 위해서는 첫째, 기초지식을 넓히고 이를 바탕으로 보는 눈을 길러서 마음을 풍부하게 하고 색과 형, 이미지를 소화시키는 공부가 필요하다. 이것은 이론만으로는 발전이 없고 직접 실습을 해 보는 일에 의해서 연마된다. 예를 들어, 모나리자의 얼굴이 아름답다고 느낀 경우 이 아름다움이 어디에서 오는지를 분석해 보자. 매끄러운 피부, 넓은 이마, 깊숙한 눈두덩, 미소 띤 입술, 풍부한 얼굴 윤곽 등 이것을 실제의 메이크업에 응용해서 브러시로 윤곽을 확실하게 그려보도록 한다.

둘째, 실습의 반복을 통하여 메이크업 기술을 익힌다. 아름다움에 대한 가치관은 그 시대의 정치, 경제, 사회, 문화적 배경에 따라 다르고 또한 변화한다. 그러므로 메이크업 디자인은 표준미에 맞춰보는 데서 시작하여 점차적으로 다른 부분을 변화시키거나, 포인트를 부각시키는 방법으로 이미지를 변화시켜보는 것이 좋다.

MAKEUP DESIGN BOOK은 메이크업 실무를 제대로 익힐 수 있도록 MAKEUP 美學1의 교과과정에 맞추어 메이크업의 기초지식인 COLOR WHEEL, GRADATION을 다루었고, 메이크업 연습 과정으로서 블렌딩 방법에 따른 아이섀도, 포인트에 따른 아이섀도 등 눈 화장의 기본적인 방법을 제시하였을 뿐 아니라, 두세 가지 색상이나 다양한 눈 형태에 따른 아이메이크업을 연습할 수 있도록 하였다.

또한 아이라이너, 아이브로우, 립, 블러셔의 여러 가지 기법을 제시하여 얼굴 형태, 이미지, 메이크업 테마에 따라 다양한 메이크업을 연출하고 수정 메이크업을 할 수 있도록 하였고, FACE CHART와 MAKEUP WORKSHEET를 이용하여 모델의 얼굴에 메이크업을 하기 전 충분한 패턴연습과 아이디어 스케치를 통해 성공적인 메이크업을 실현할 수 있도록 하였다.

본 교재가 메이크업에 입문하는 여러분께 실용적인 지침서가 되어 실무에 강한 메이크업 아티스트로 성장하는데 일조할 것으로 기대하며, 책이 나오기까지 관심과 지원을 아끼지 않으신 경춘사 안중기 사장님과 직원들께 감사를 드린다.

2014. 1. 저자 일동

MAKEUP
DESIGN

Contents

MAKEUP DESIGN

EYEBROW / 161

LIP / 203

BLUSHER / 233

FACE CHART / 269

MAKEUP WORKSHEET / 309

COLOR WHEEL

● 피부톤과 메이크업 컬러의 조화

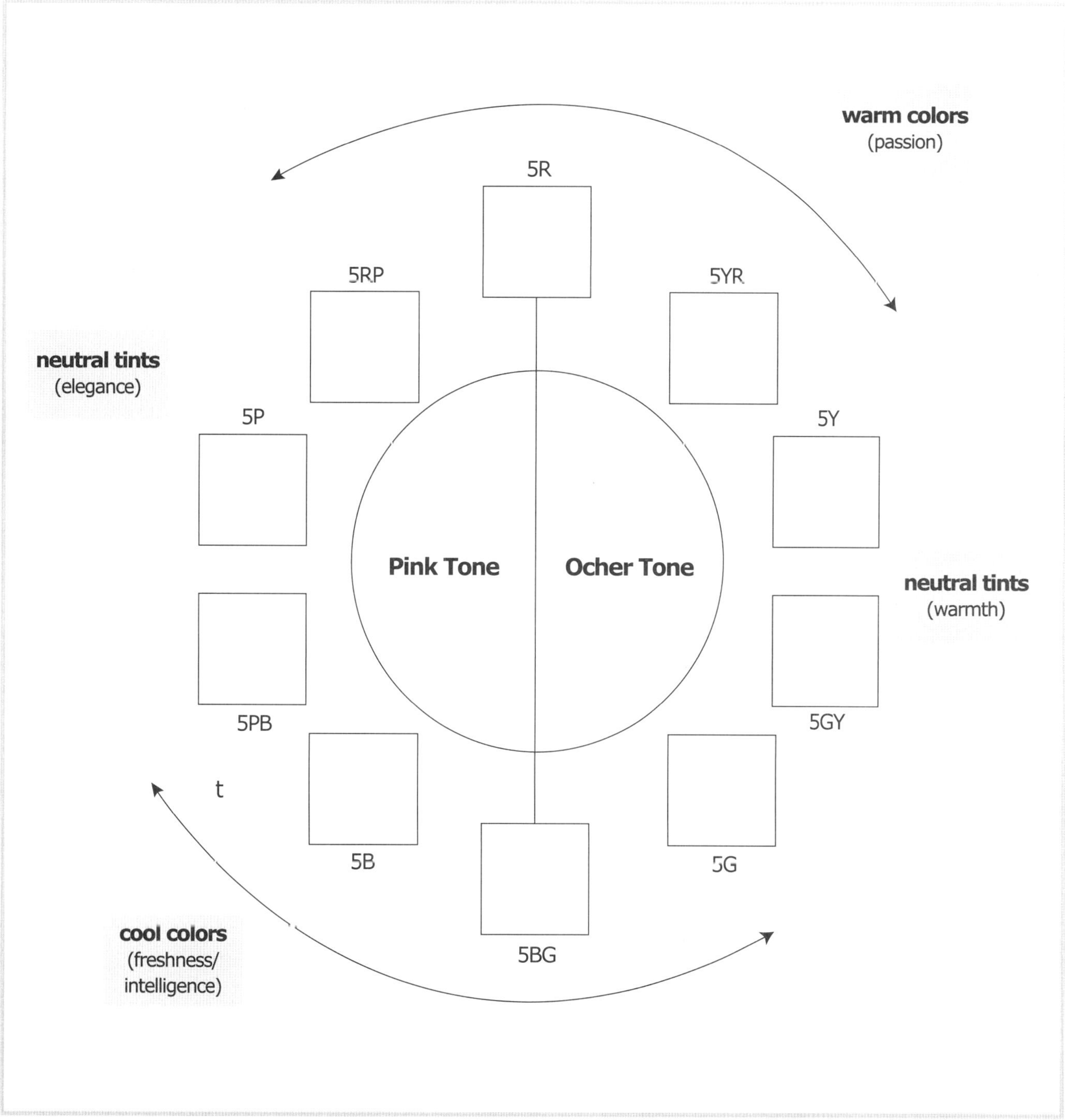

• 먼셀의 색상환을 참조하여 색지를 오려 붙이는 방법으로 완성한다.

GRADATION

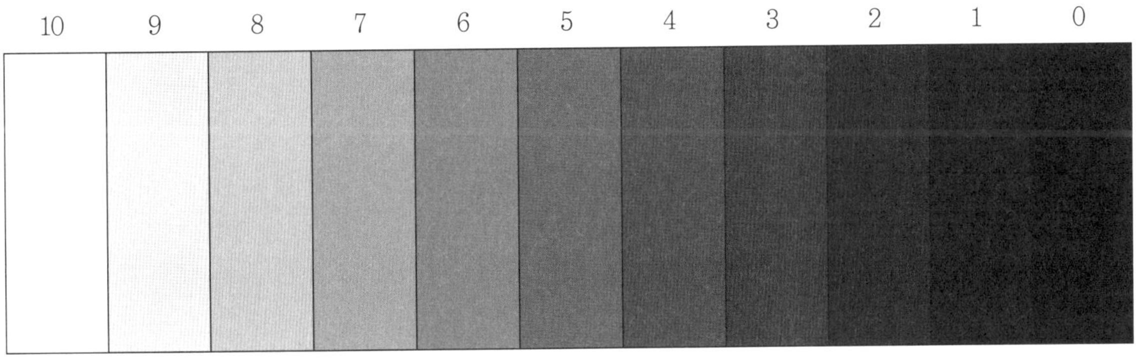

GRAY SCALE

10	9	8	7	6	5	4	3	2	1	0

FOUNDATION

• 파운데이션이나 색지를 이용하여 그러데이션을 연습한다.

10	9	8	7	6	5	4	3	2	1	0

COLOR

• 유채색 한 컬러를 정하고 색지를 이용하여 그러데이션을 연습한다.

EYE SHADOW

● 블렌딩 방법에 따른 아이섀도

01 싱글폼

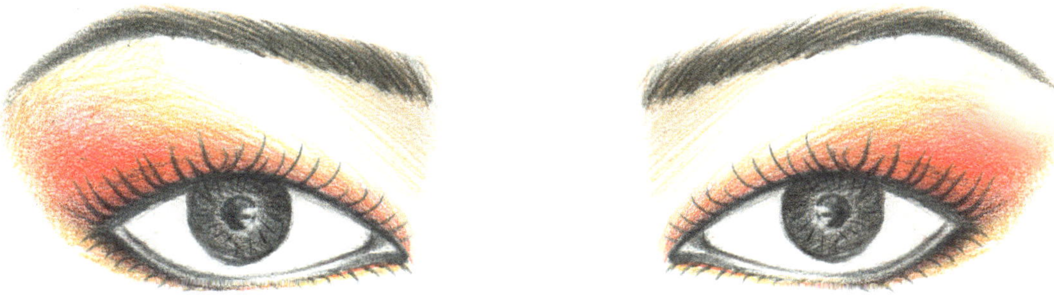

01 싱글폼

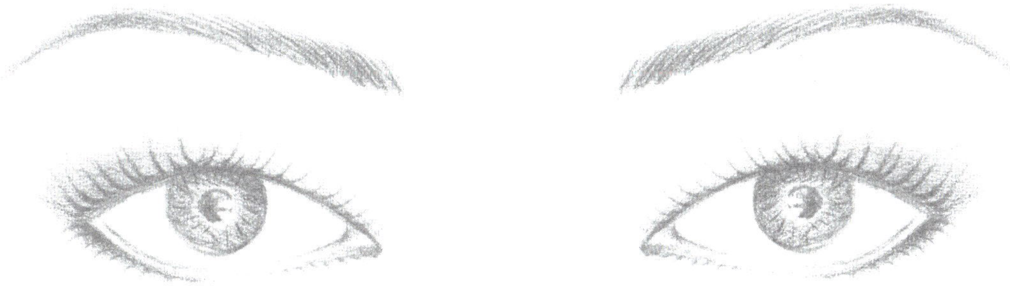

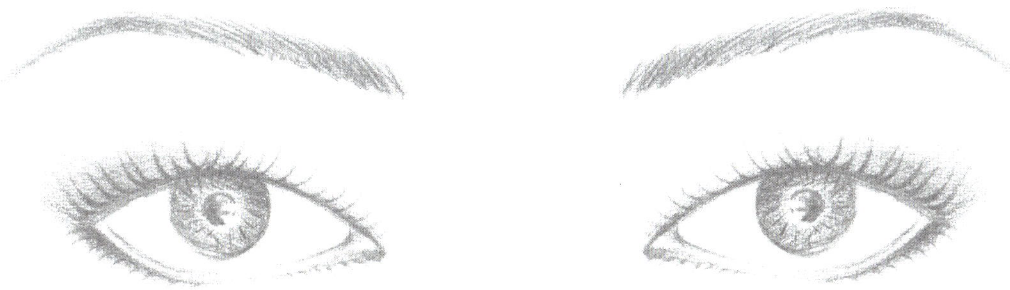

01 싱글폼

02 더블폼 I

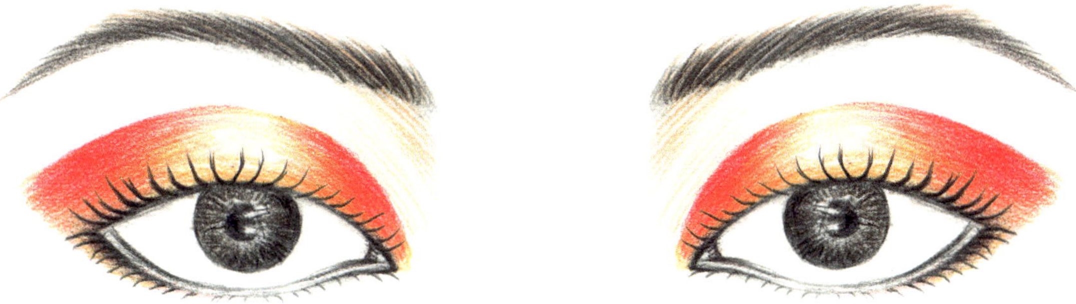

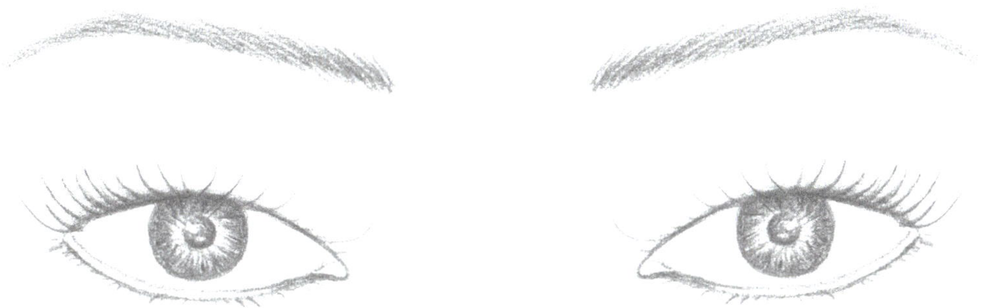

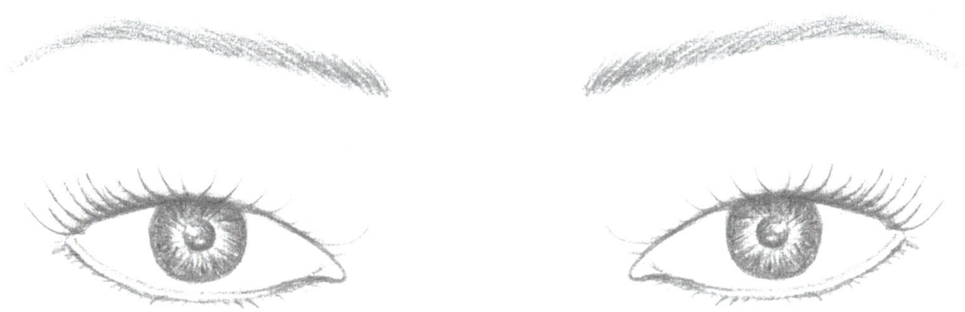

02 더블폼 I

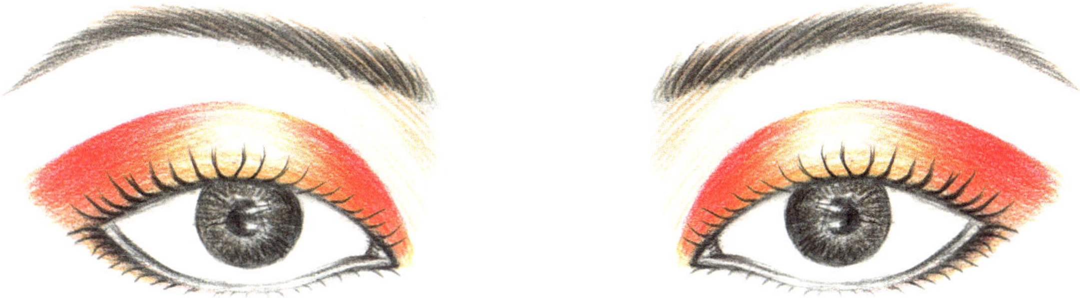

02 더블폼 I

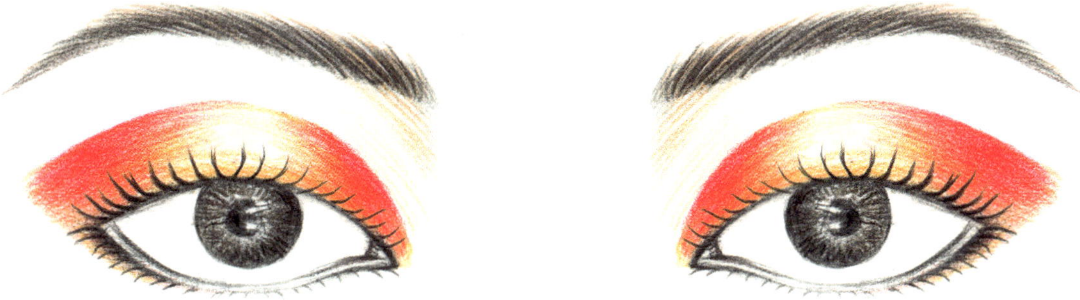

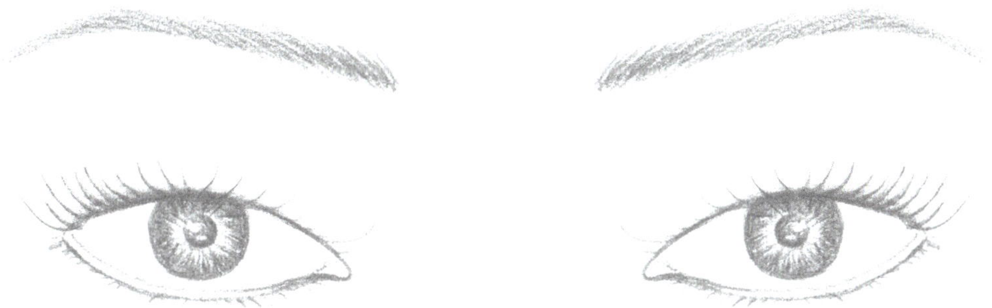

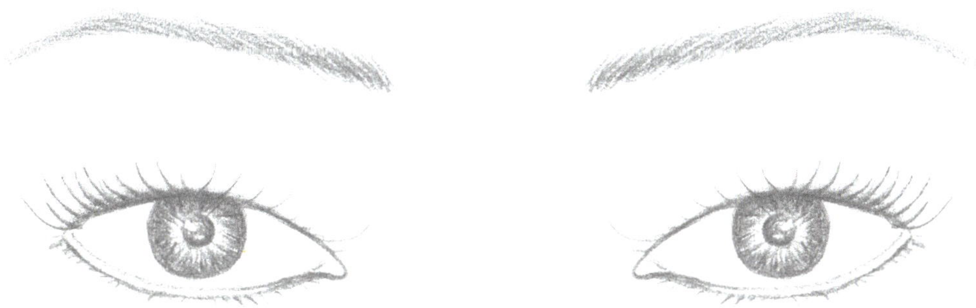

03 더블폼 Ⅱ

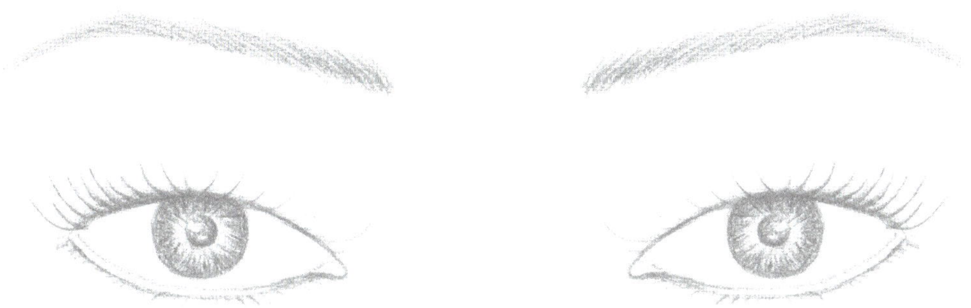

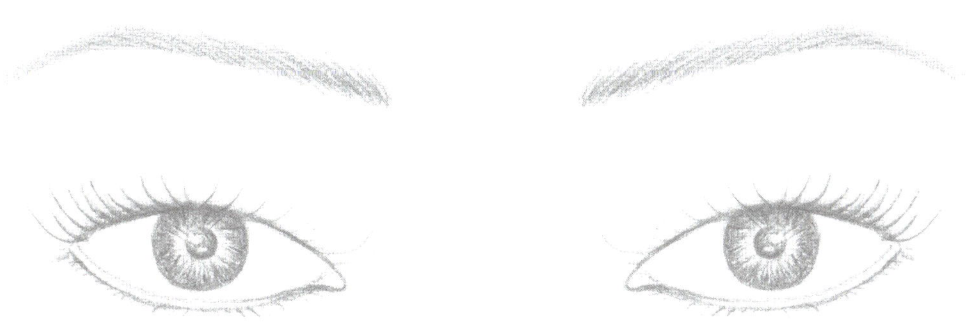

03 더블폼 Ⅱ

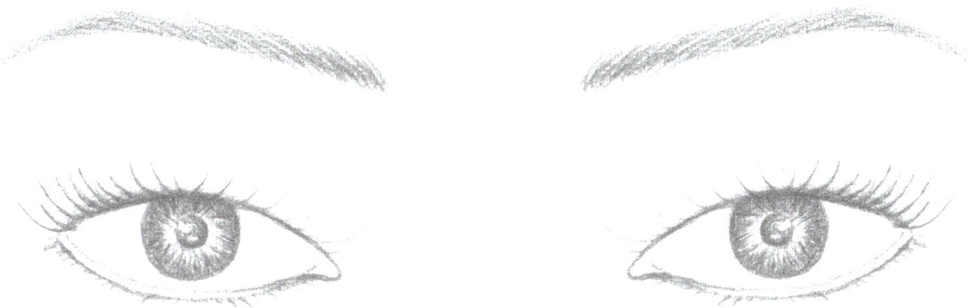

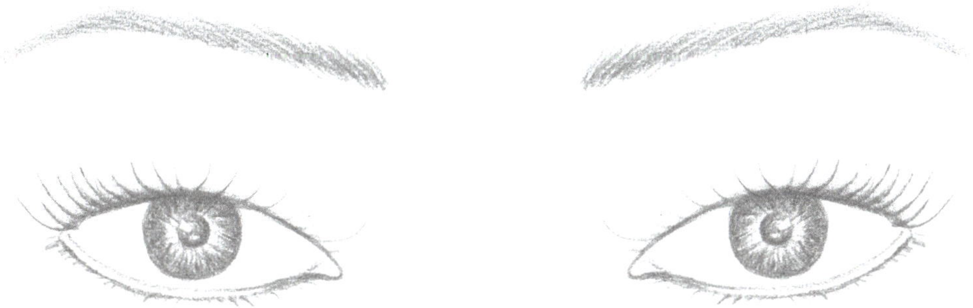

03 더블폼 Ⅱ

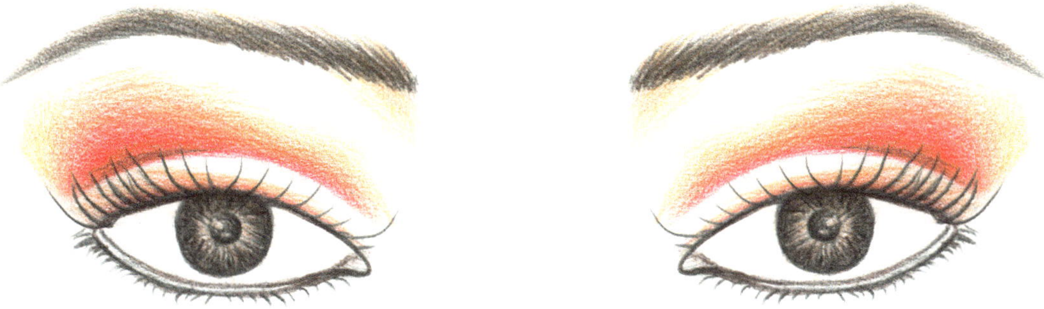

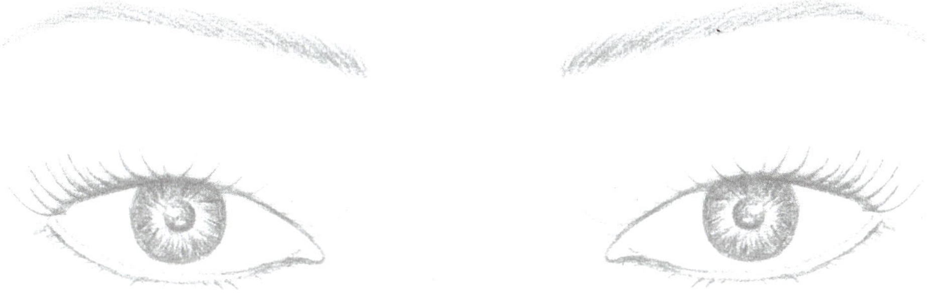

● 포인트에 따른 아이섀도

01 눈머리 포인트

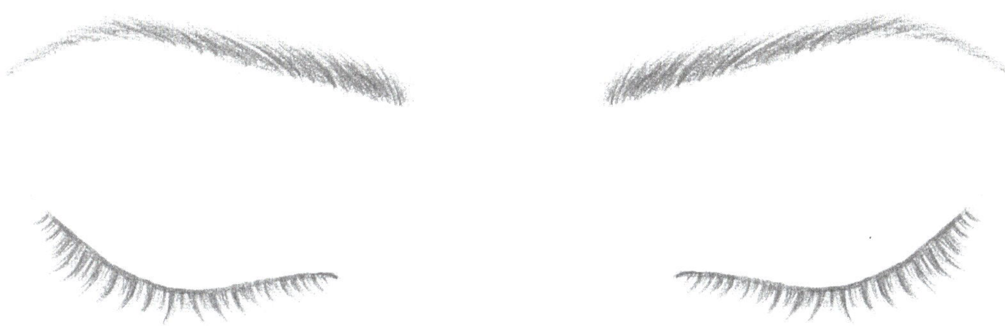

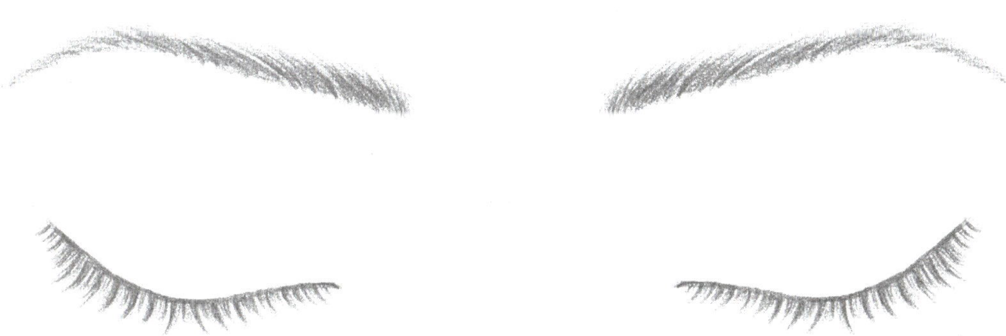

01 눈머리 포인트

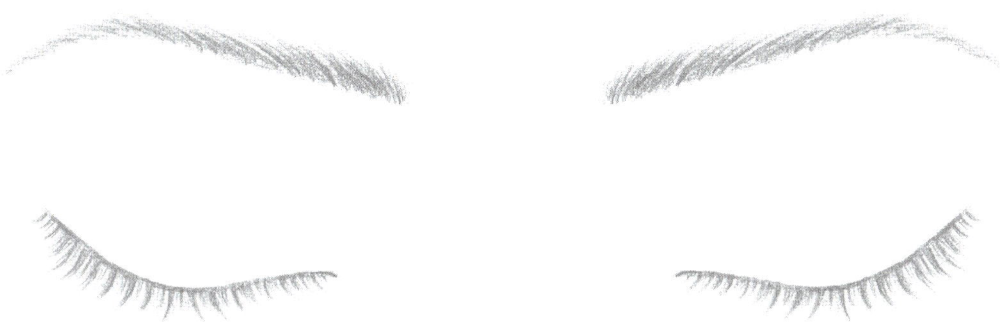

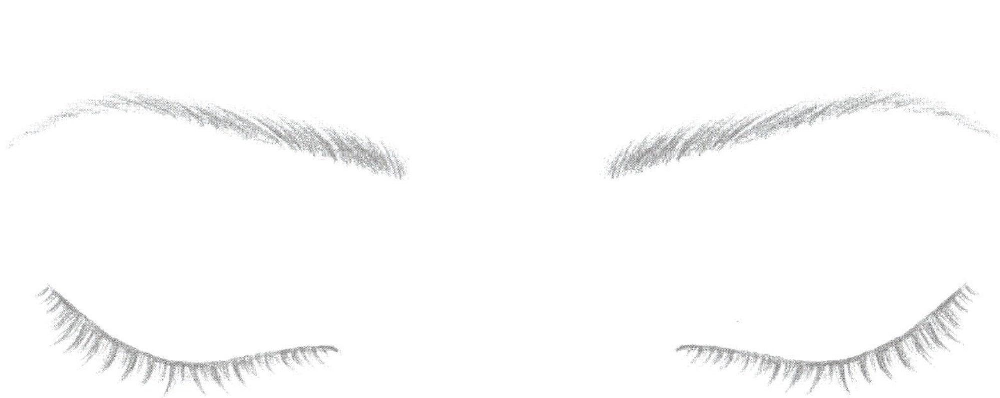

01 눈머리 포인트

02 눈 중앙 포인트

02 눈 중앙 포인트

02 눈 중앙 포인트

03 눈꼬리 포인트

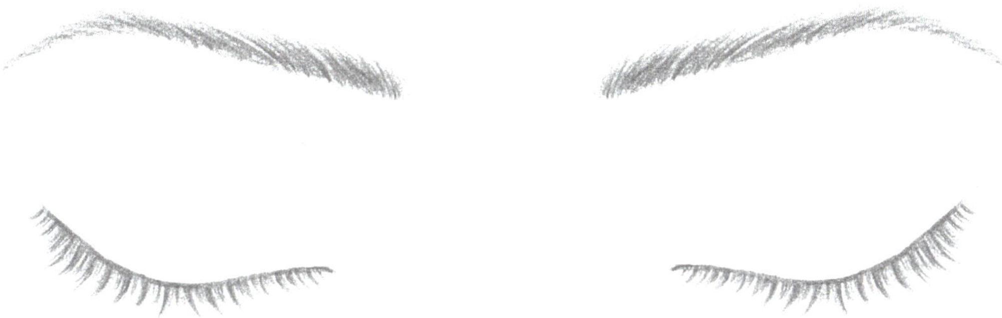

03 눈꼬리 포인트

03 눈꼬리 포인트

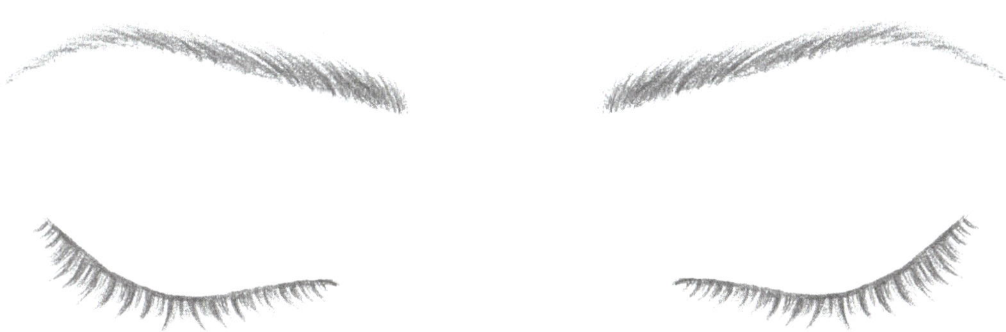

● 아이섀도 연습 1

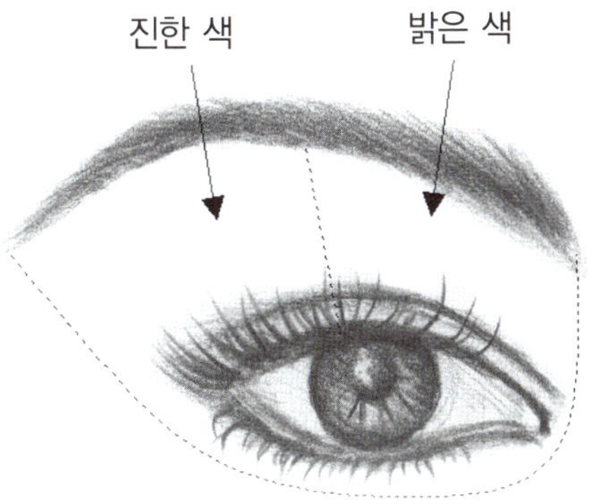

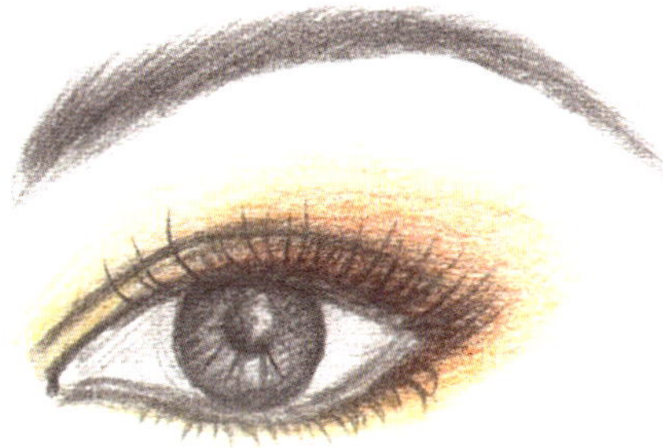

● 아이섀도 연습 1

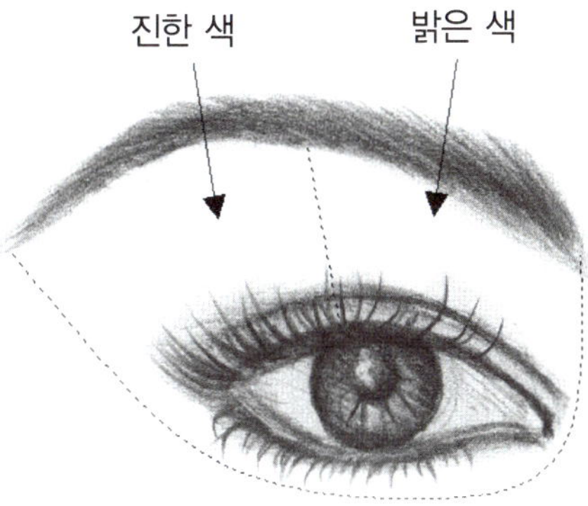

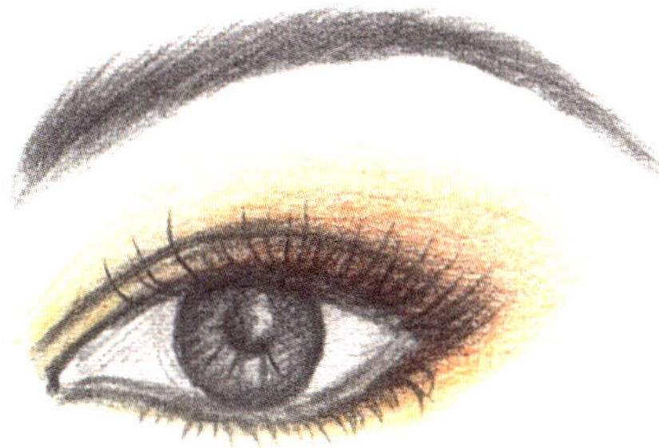

● 아이섀도 연습 1

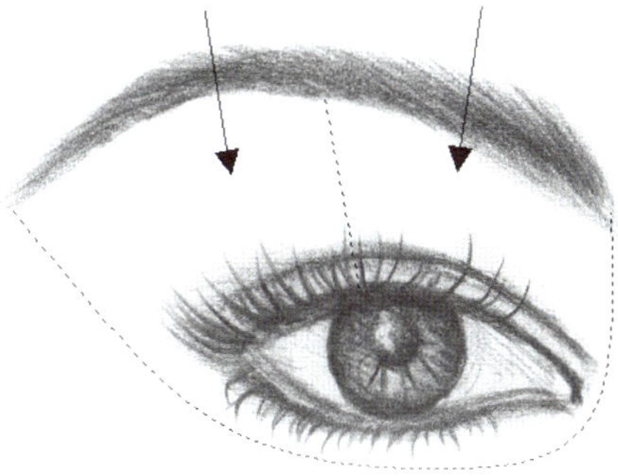

● 아이섀도 연습 2

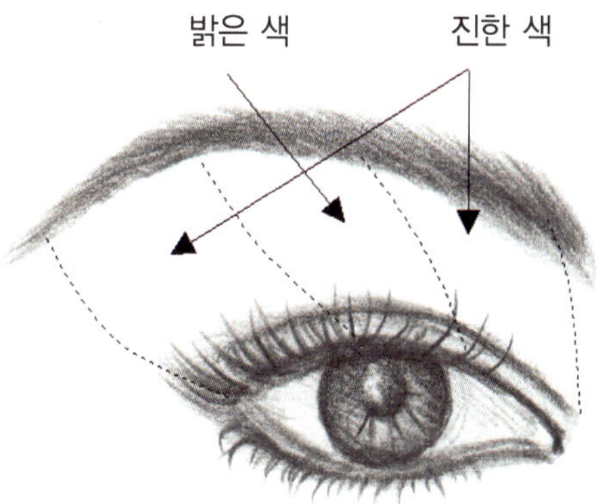

● 아이섀도 연습 2

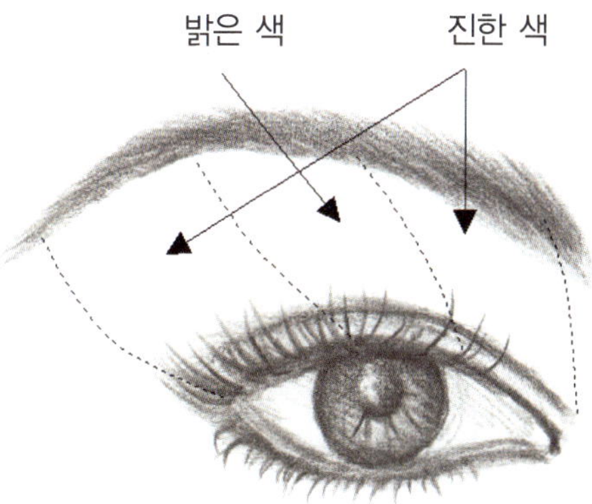

● 아이섀도 연습 2

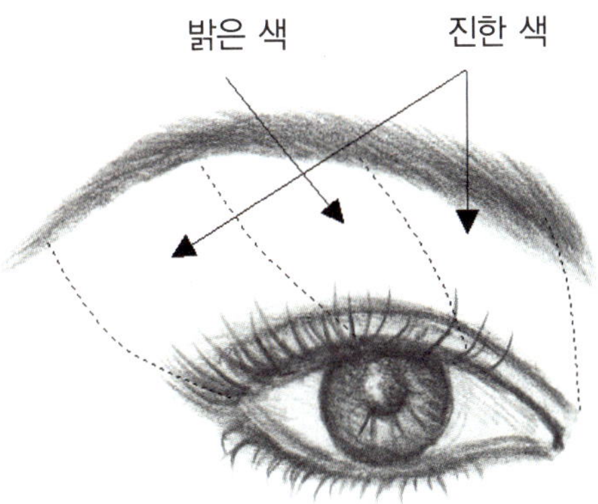

● 아이섀도 연습 3

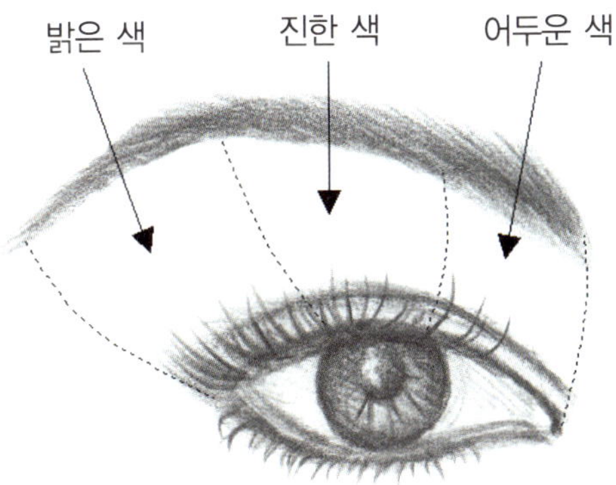

● 아이섀도 연습 3

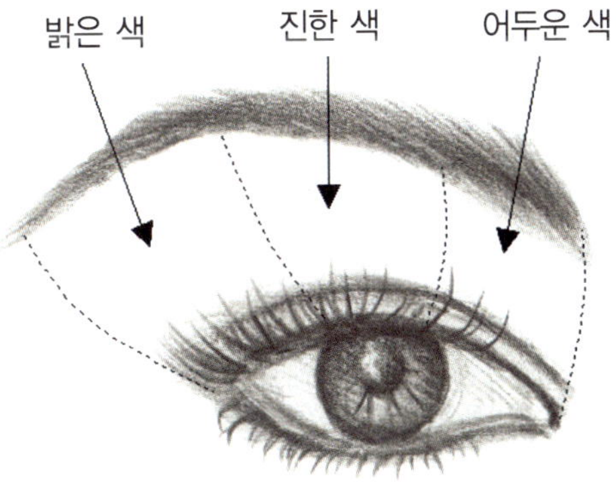

● 아이섀도 연습 3

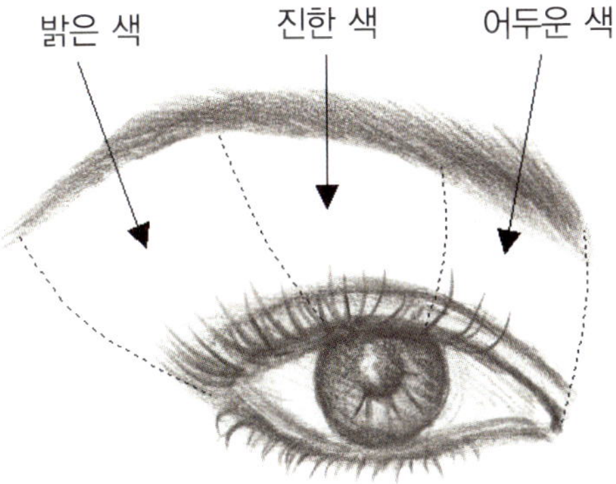

● 아이섀도 연습 4

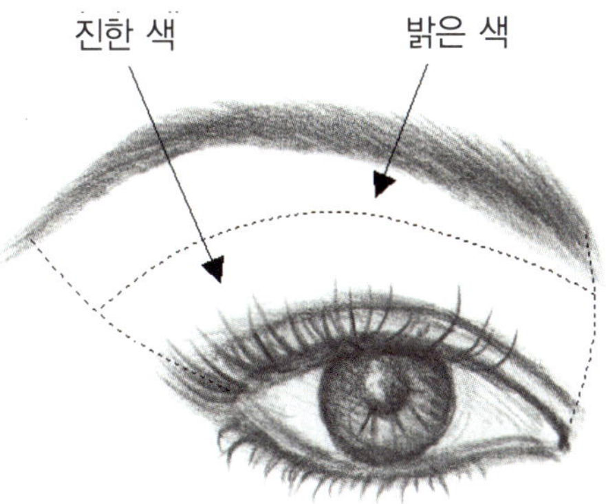

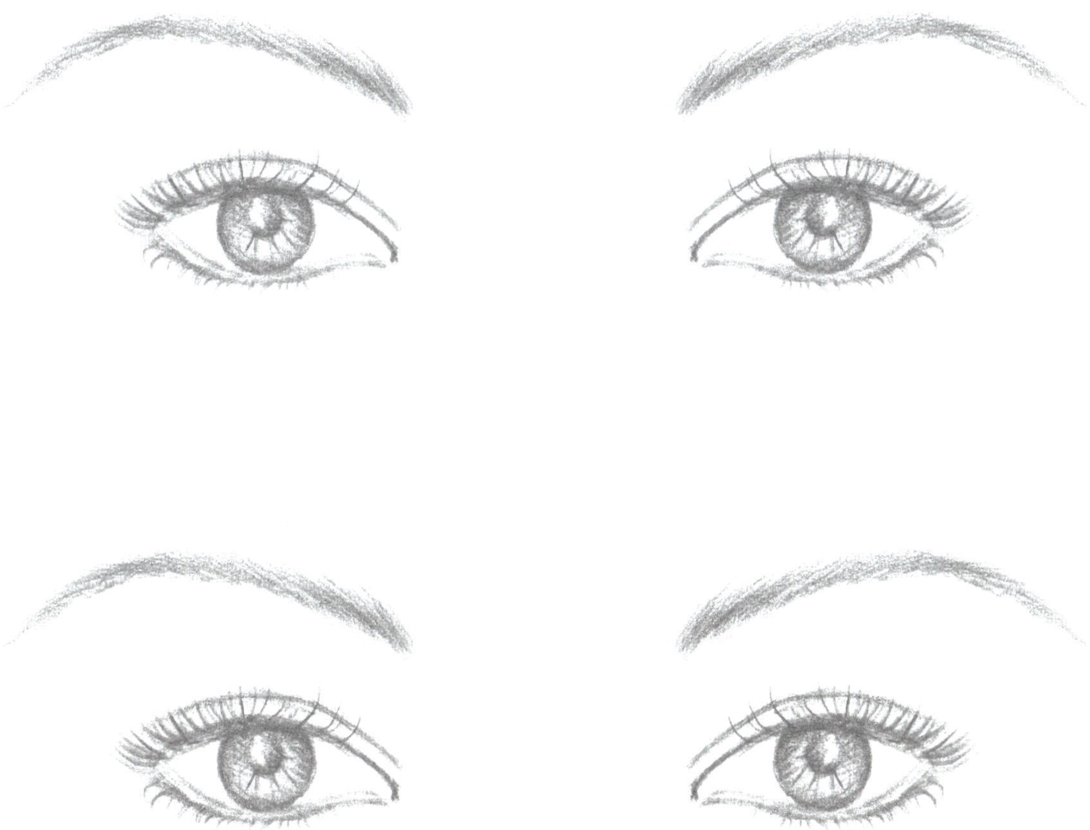

● 아이섀도 연습 4

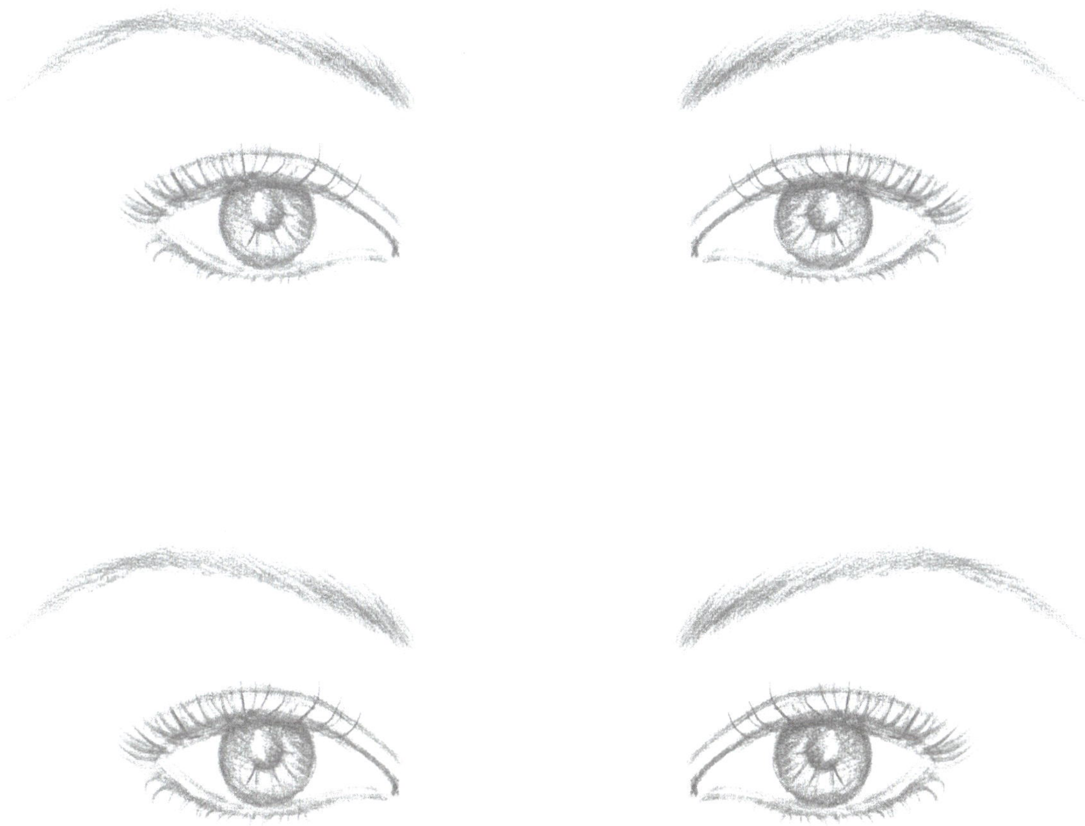

● 아이섀도 연습 4

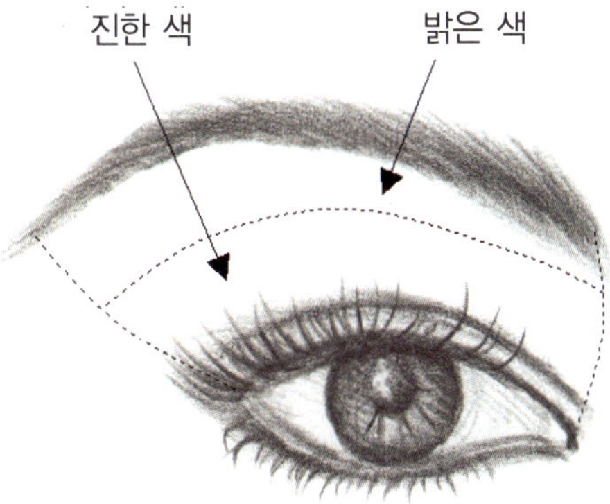

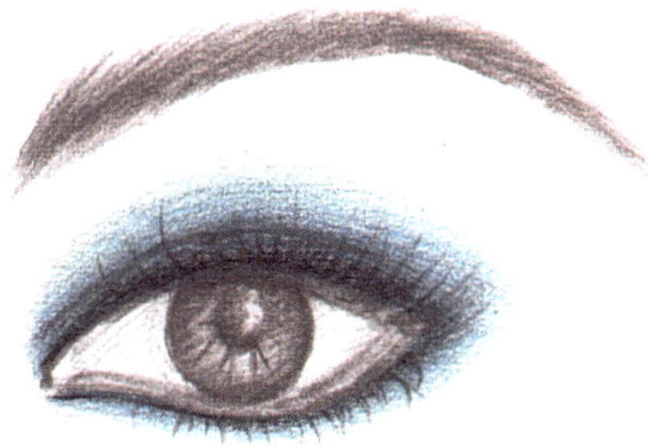

● 아이섀도 연습 5

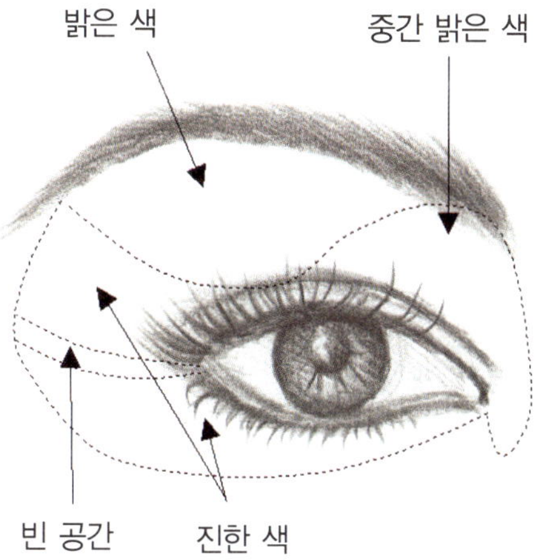

● 아이섀도 연습 5

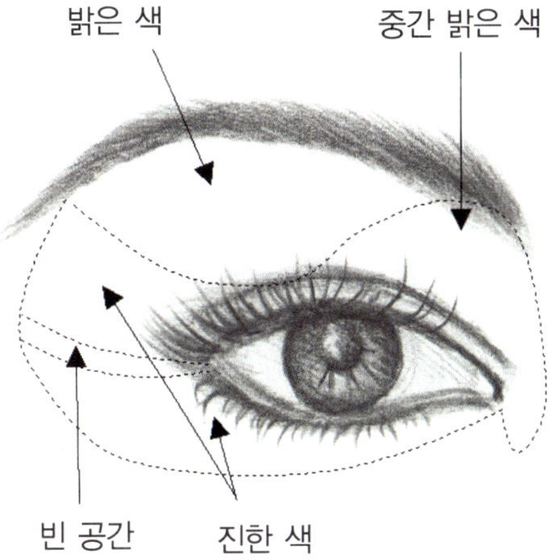

● 아이섀도 연습 5

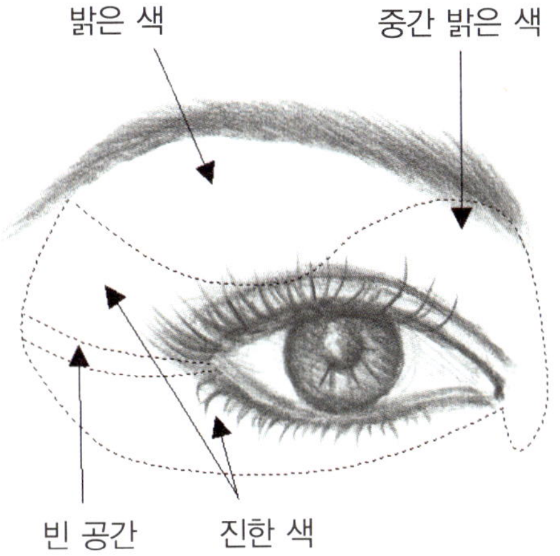

● 아이섀도 연습 6

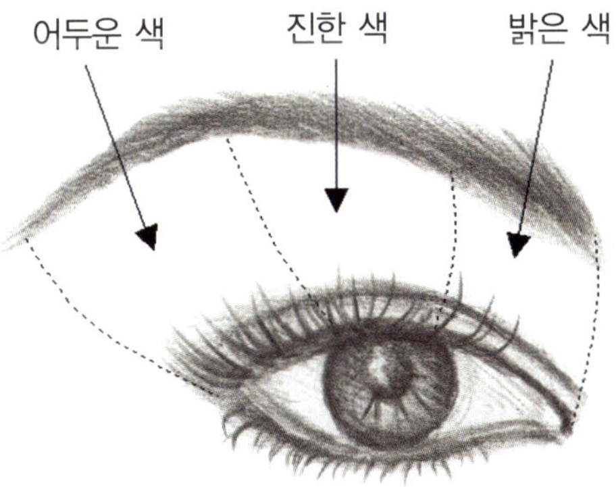

● 아이섀도 연습 6

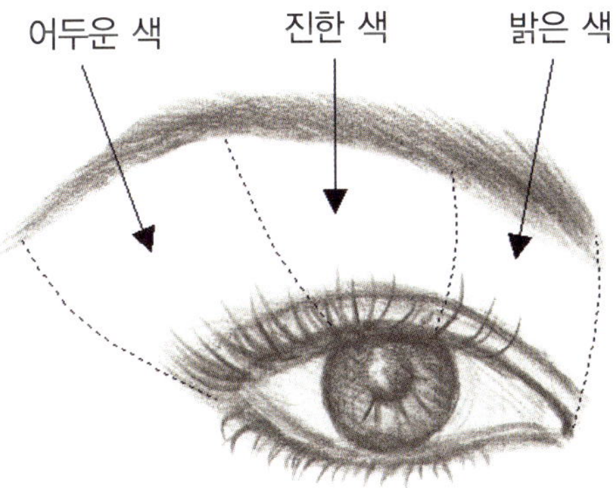

● 아이섀도 연습 6

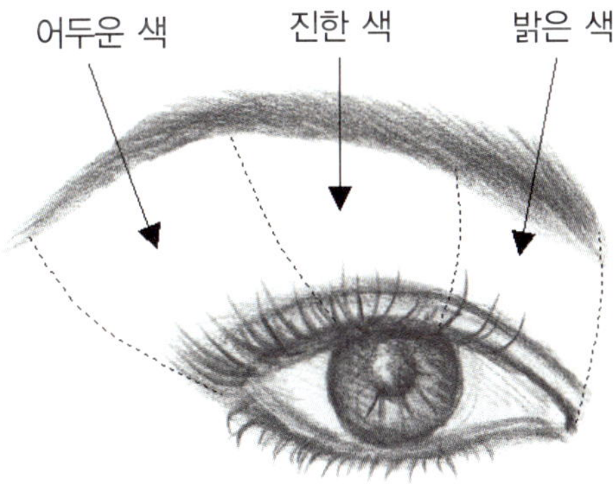

EYE LINER

01 기본형

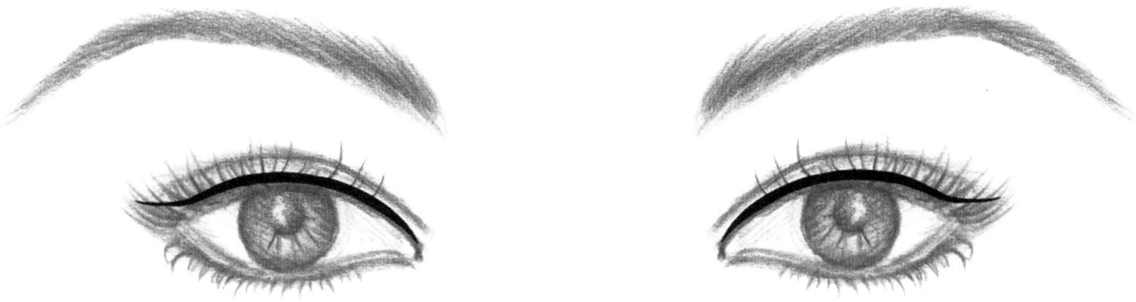

01 기본형

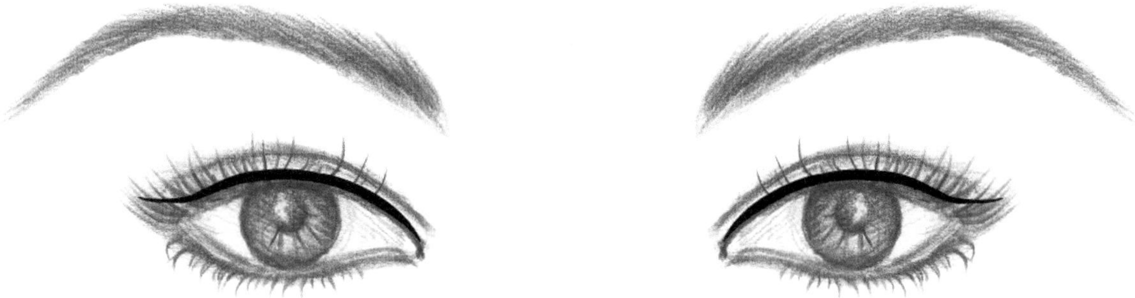

01 기본형

02 스트레이트

02 스트레이트

02 스트레이트

03 내추럴

03 내추럴

03 내추럴

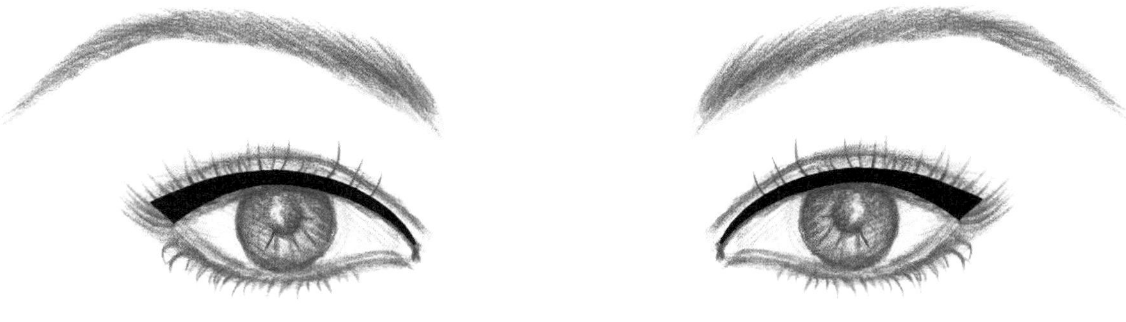

04 패션

04 패션

04 패션

05 글래머

05 글래머

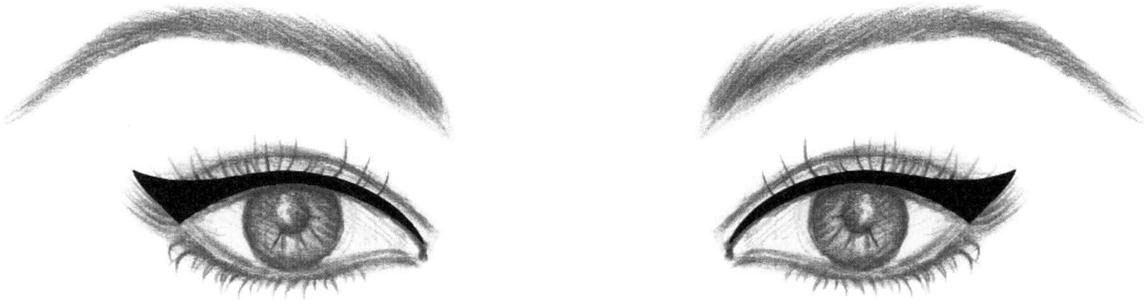

05 글래머

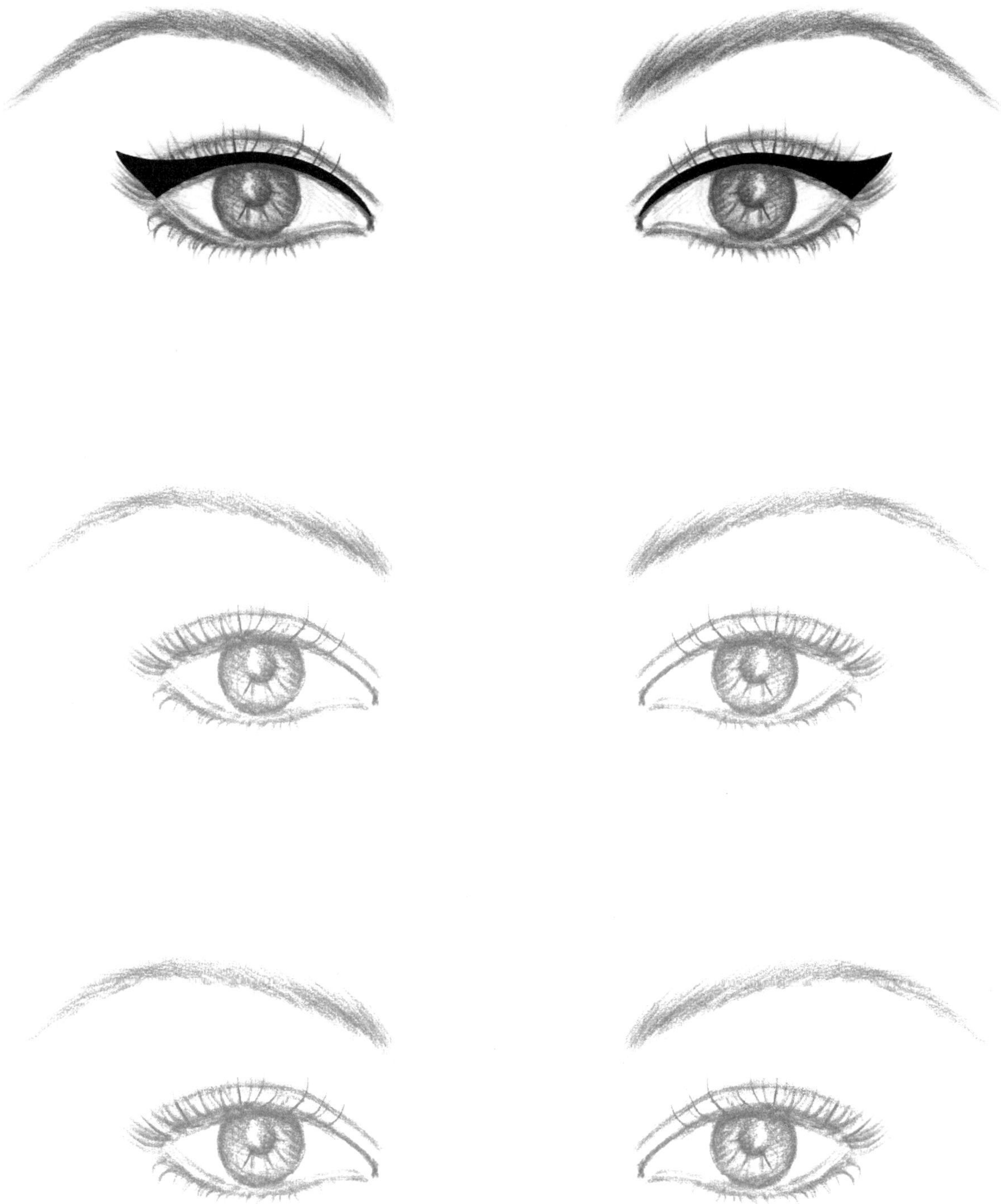

EYE MAKEUP

● 눈 형태에 따른 아이 메이크업

01 눈 길이가 짧은 형태

01 눈 길이가 짧은 형태

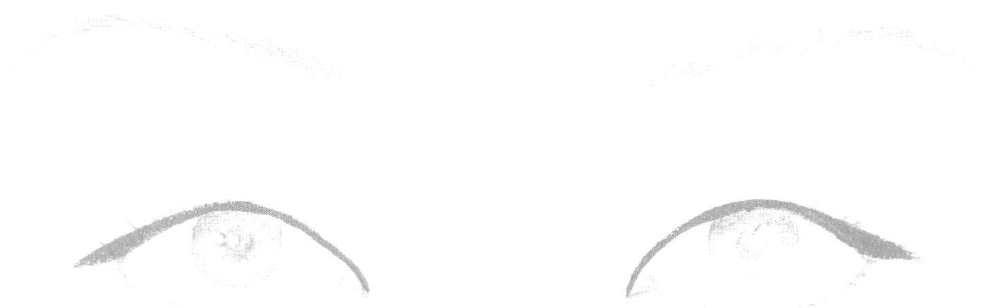

01 눈 길이가 짧은 형태

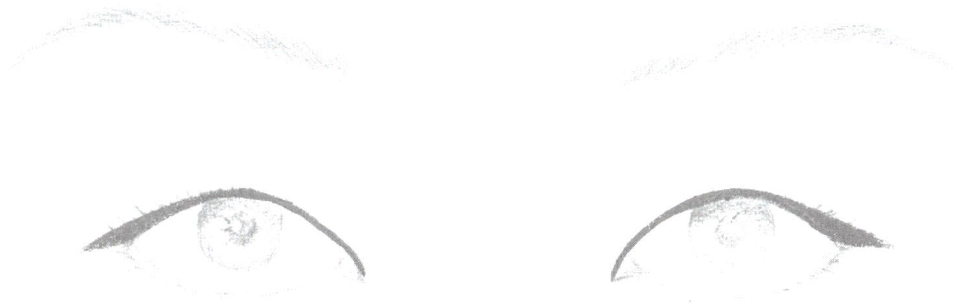

02 눈 폭이 좁은 형태

02 눈 폭이 좁은 형태

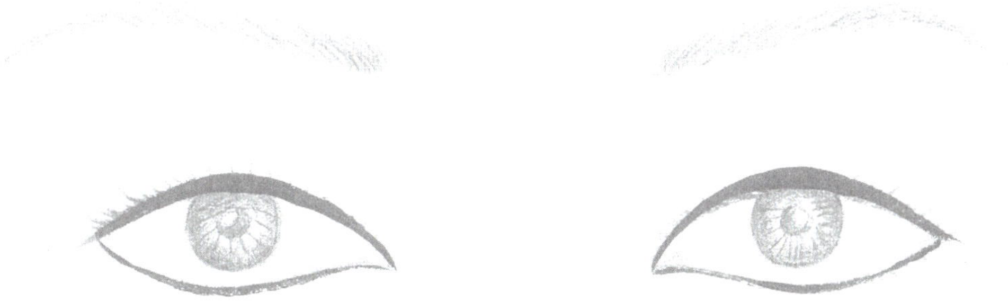

02 눈 폭이 좁은 형태

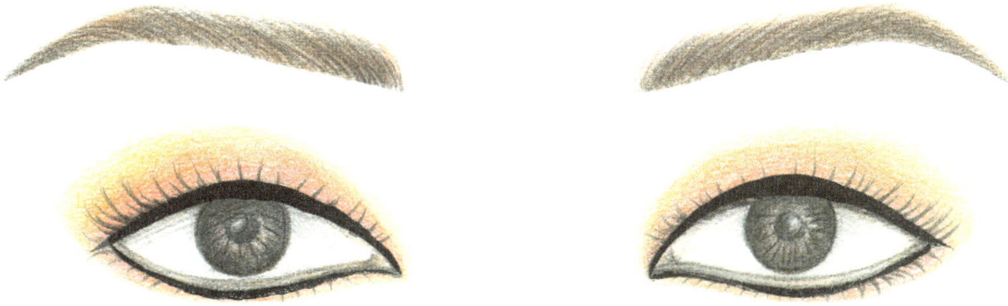

03 눈두덩이 돌출된 형태

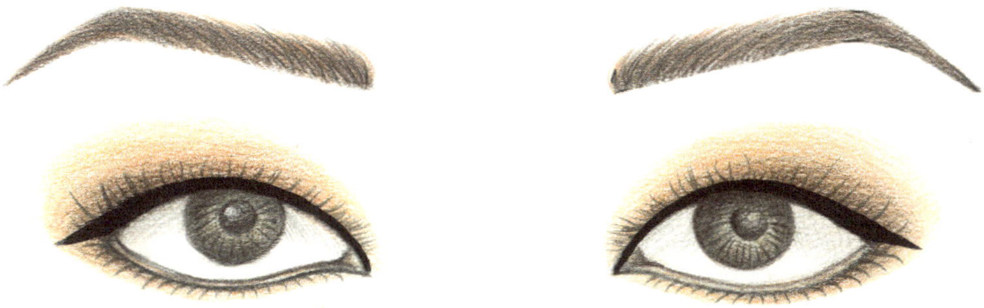

03 눈두덩이 돌출된 형태

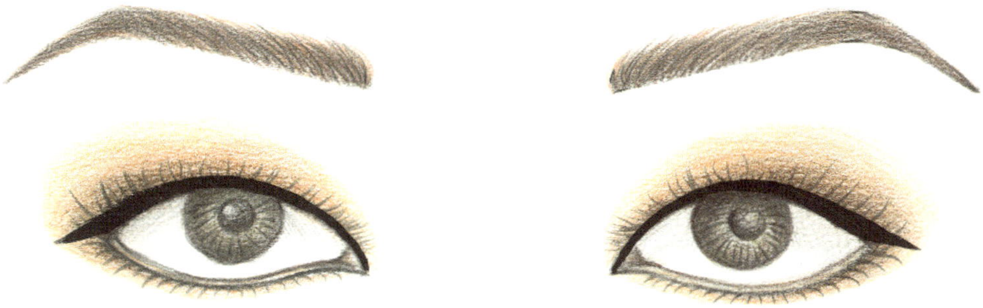

03 눈두덩이 돌출된 형태

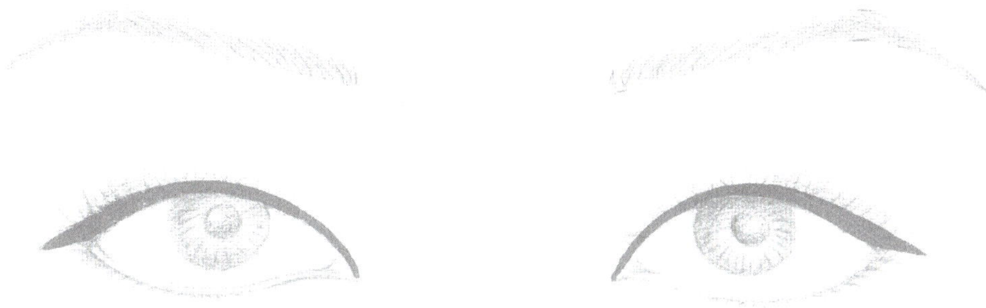

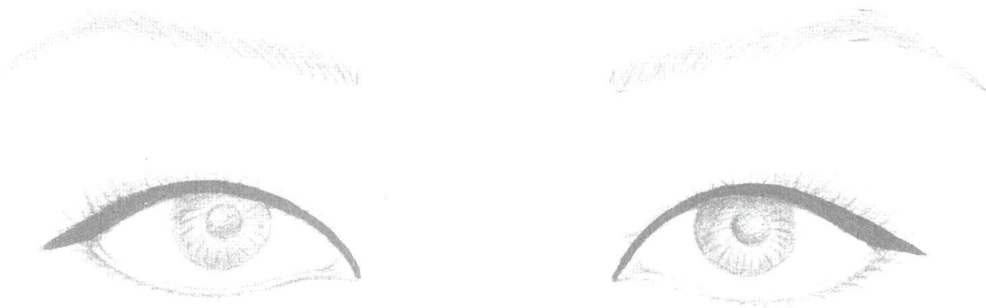

04 눈두덩이 들어간 형태

04 눈두덩이 들어간 형태

04 눈두덩이 들어간 형태

05 눈꼬리가 올라간 형태

05 눈꼬리가 올라간 형태

05 눈꼬리가 올라간 형태

06 눈꼬리가 내려간 형태

06 눈꼬리가 내려간 형태

06 눈꼬리가 내려간 형태

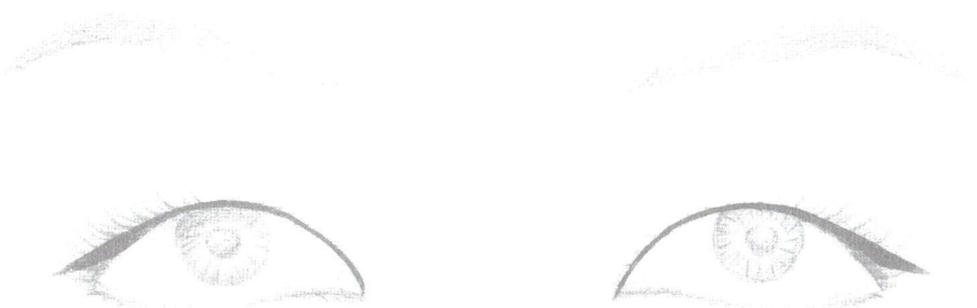

07 미간이 넓은 형태

07 미간이 넓은 형태

07 미간이 넓은 형태

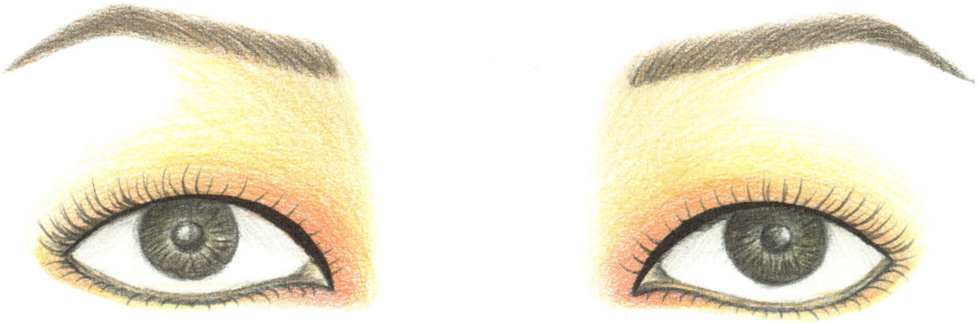

08 미간이 좁은 형태

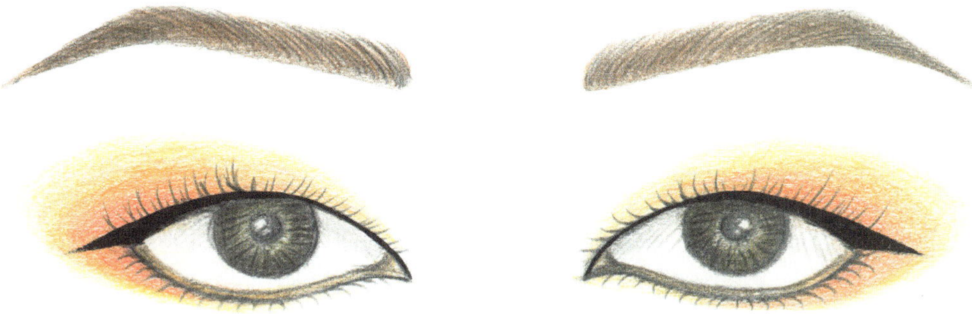

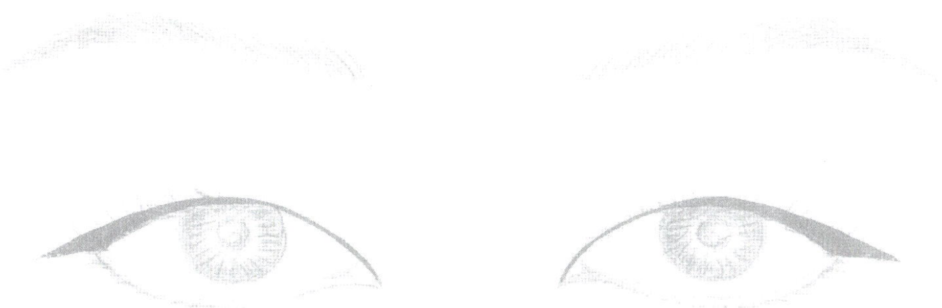

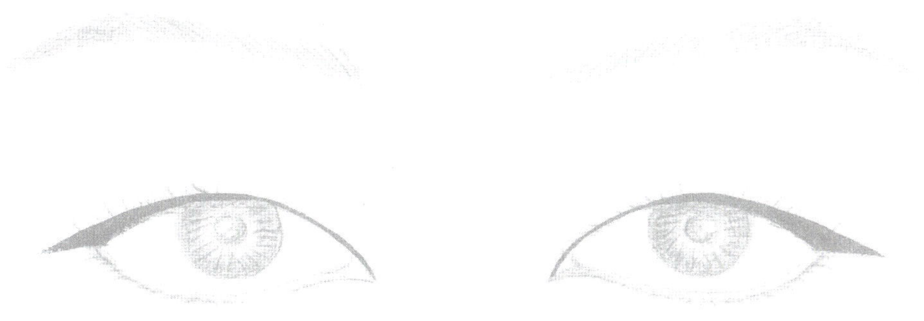

08 미간이 좁은 형태

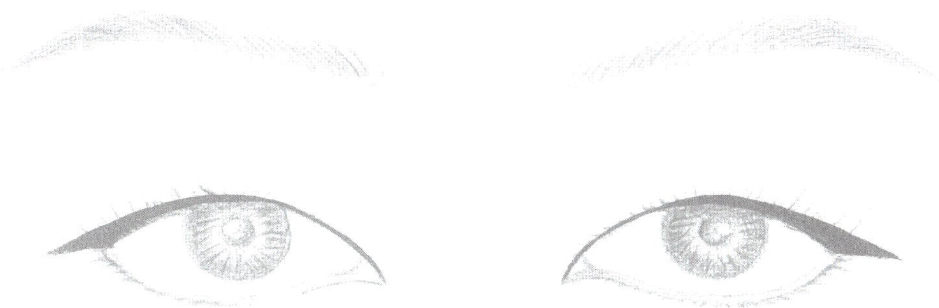

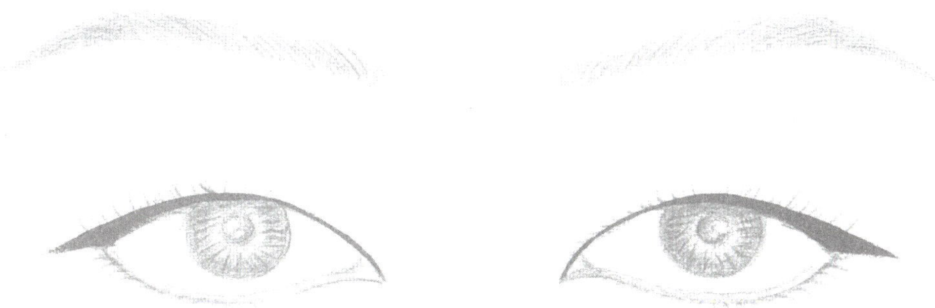

08 미간이 좁은 형태

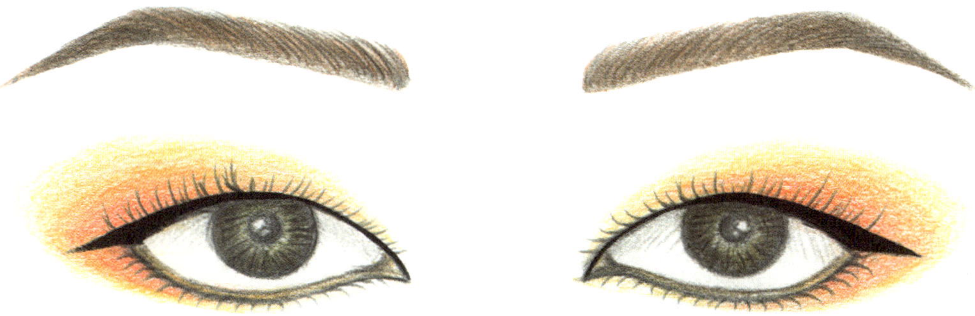

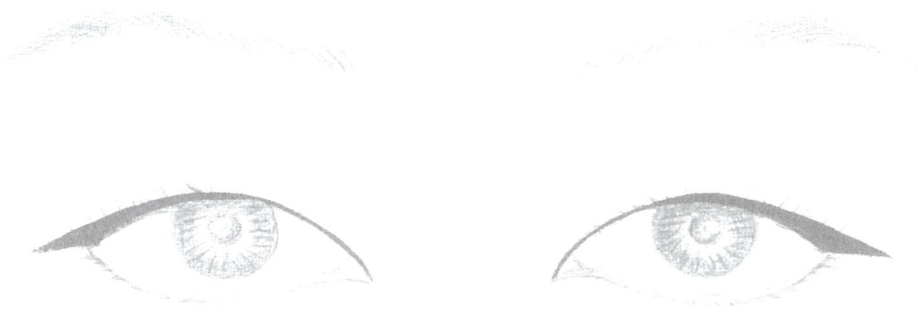

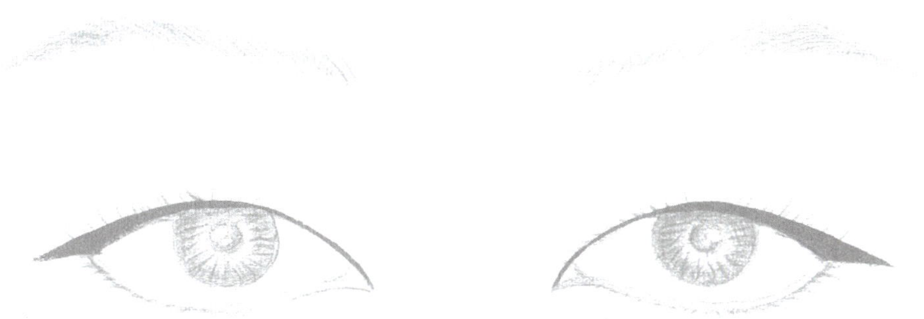

EYEBROW

01 기본형

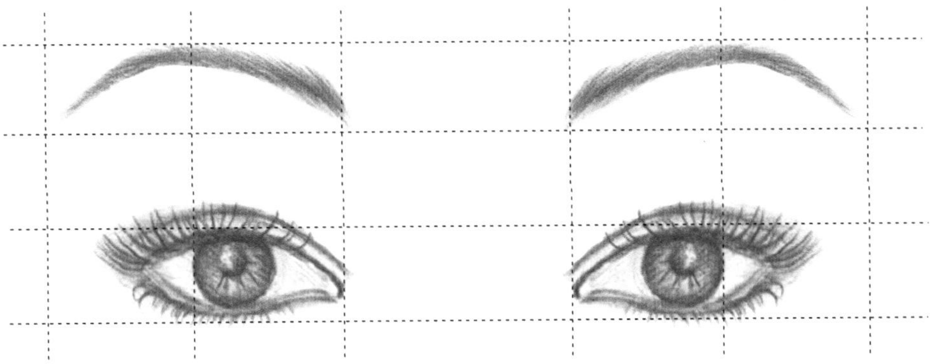

01 기본형

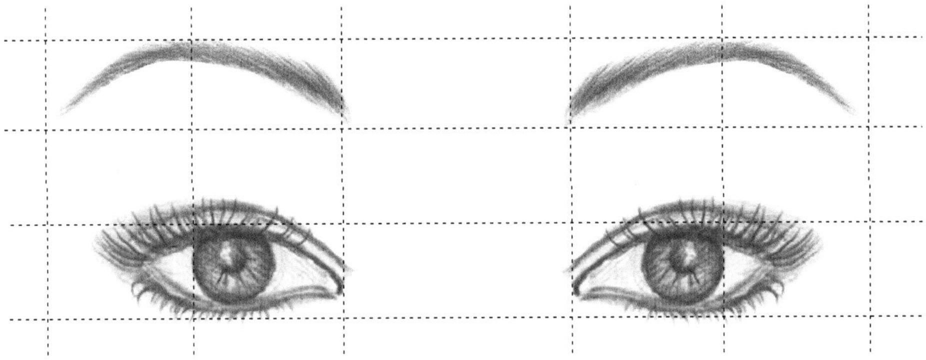

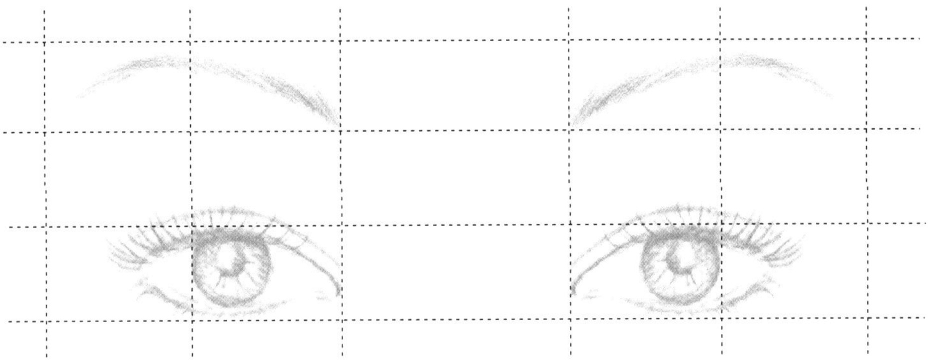

01 기본형

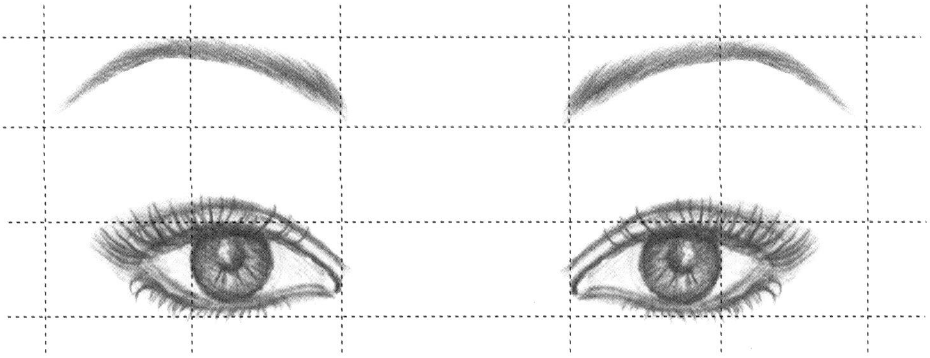

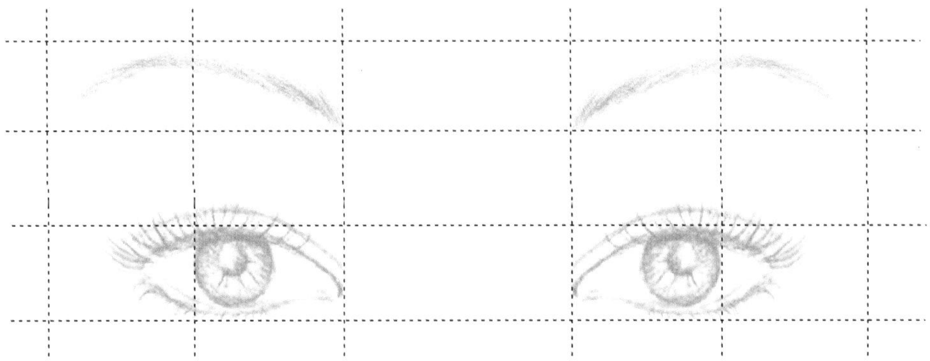

02 직선형

02 직선형

02 직선형

03 각진형

03 각진형

03 각진형

04 아치형

04 아치형

04 아치형

05 상승형

05 상승형

05 상승형

06 처진형

06 처진형

06 처진형

07 커브형

07 커브형

07 커브형

LIP

01 기본형

01 기본형

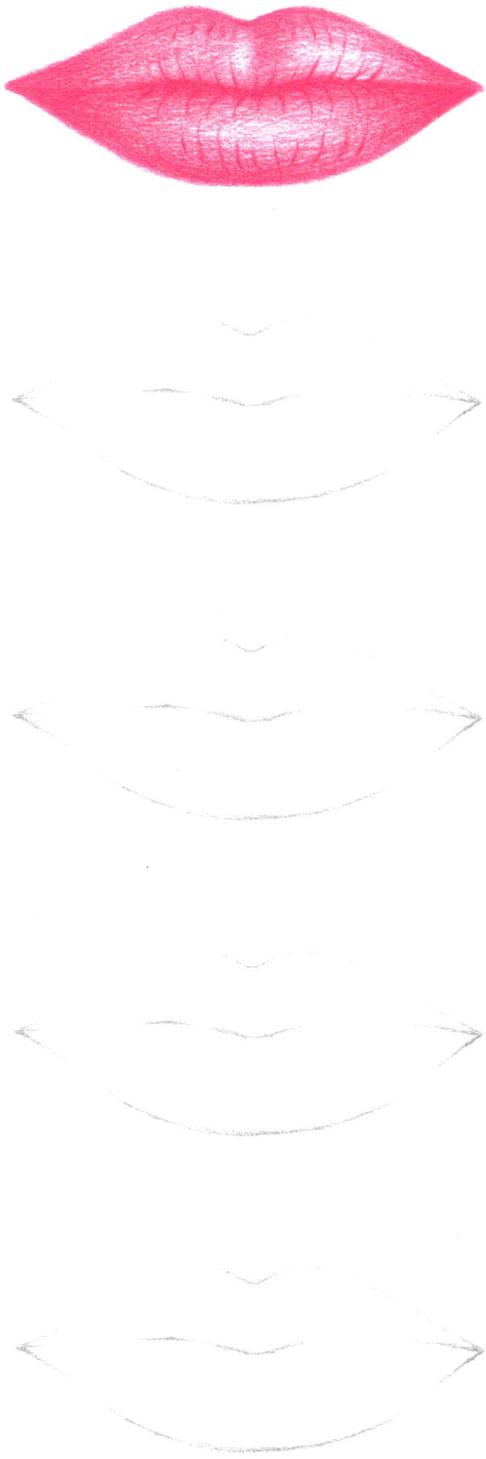

01 기본형

02 라운드

02 라운드

02 라운드

03 스트레이트

03 스트레이트

03 스트레이트

04 인커브

04 인커브

04 인커브

05 아웃커브

05 아웃커브

05 아웃커브

BLUSHER

01 긴형

01 긴형

01 긴형

02 둥근형

02 둥근형

02 둥근형

03 사각형

03 사각형

03 사각형

04 삼각형

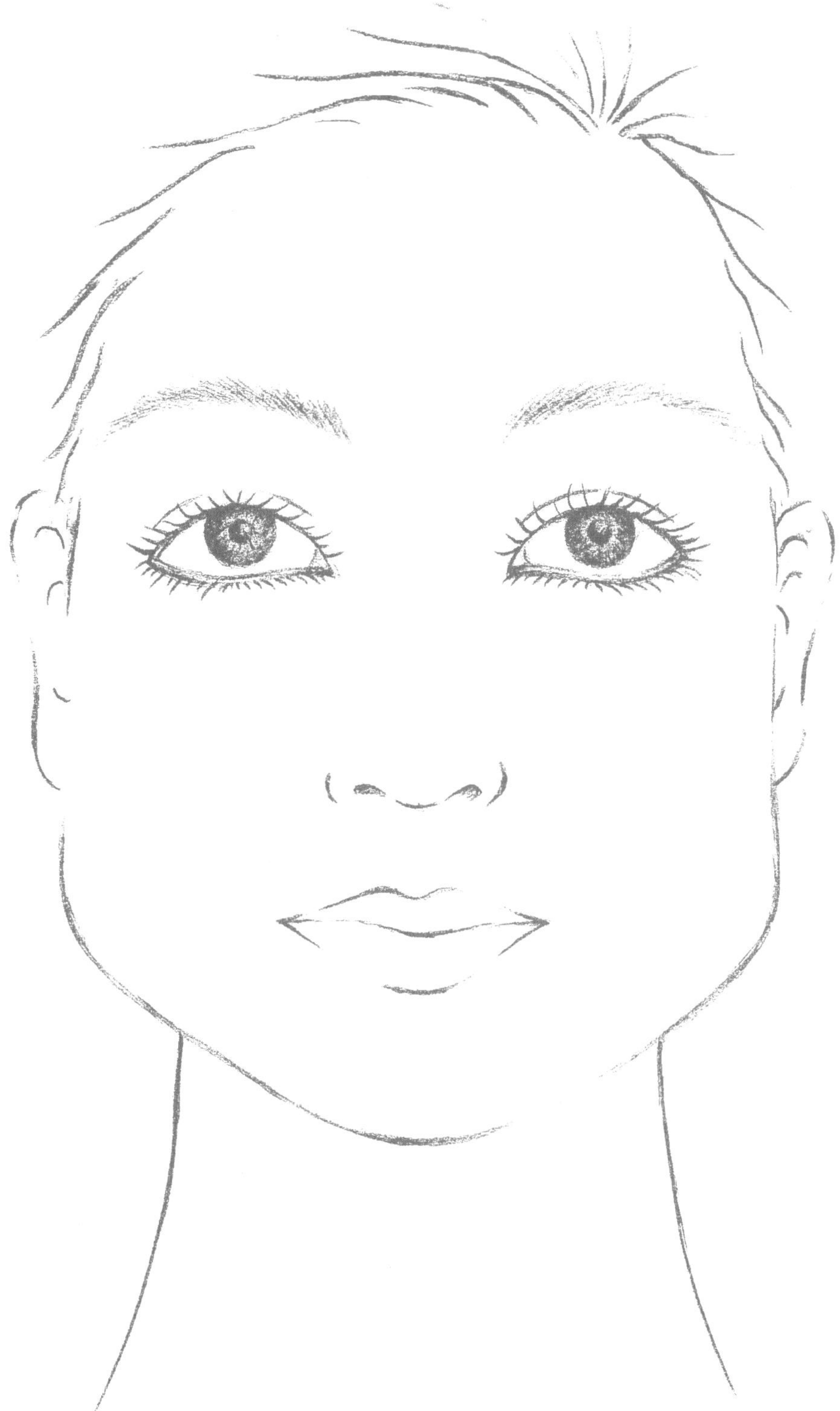

04 삼각형

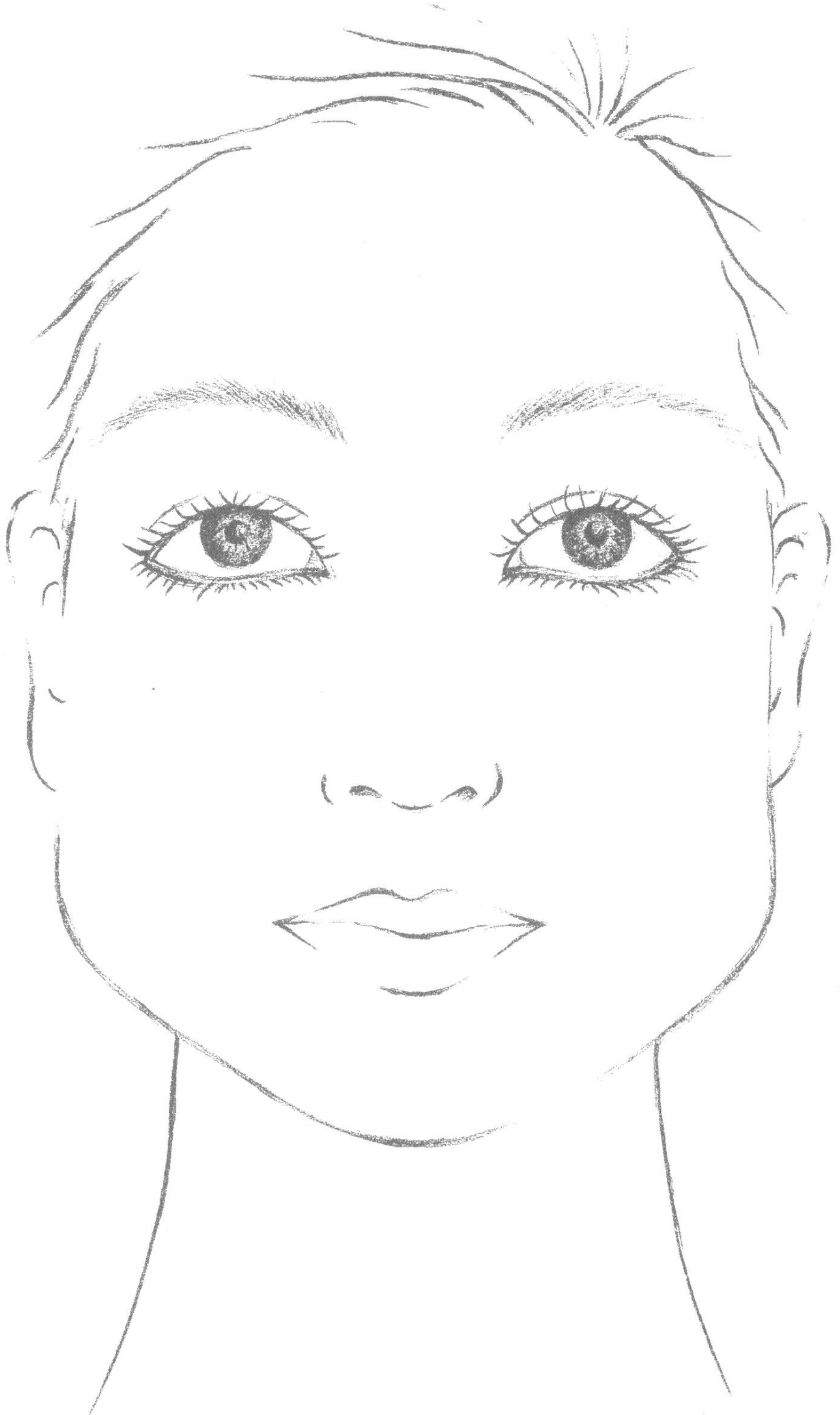

04 삼각형

05 역삼각형

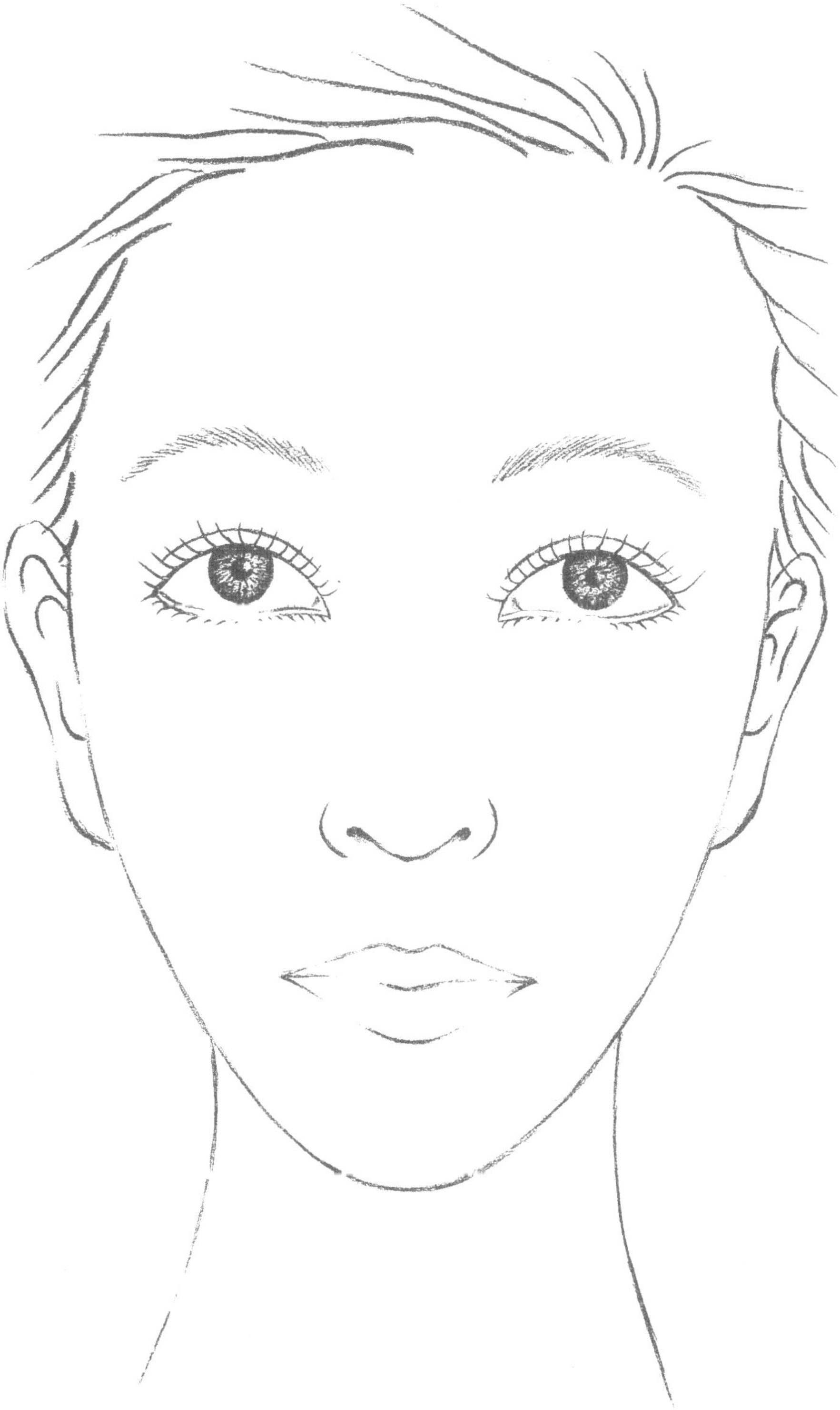

05 역삼각형

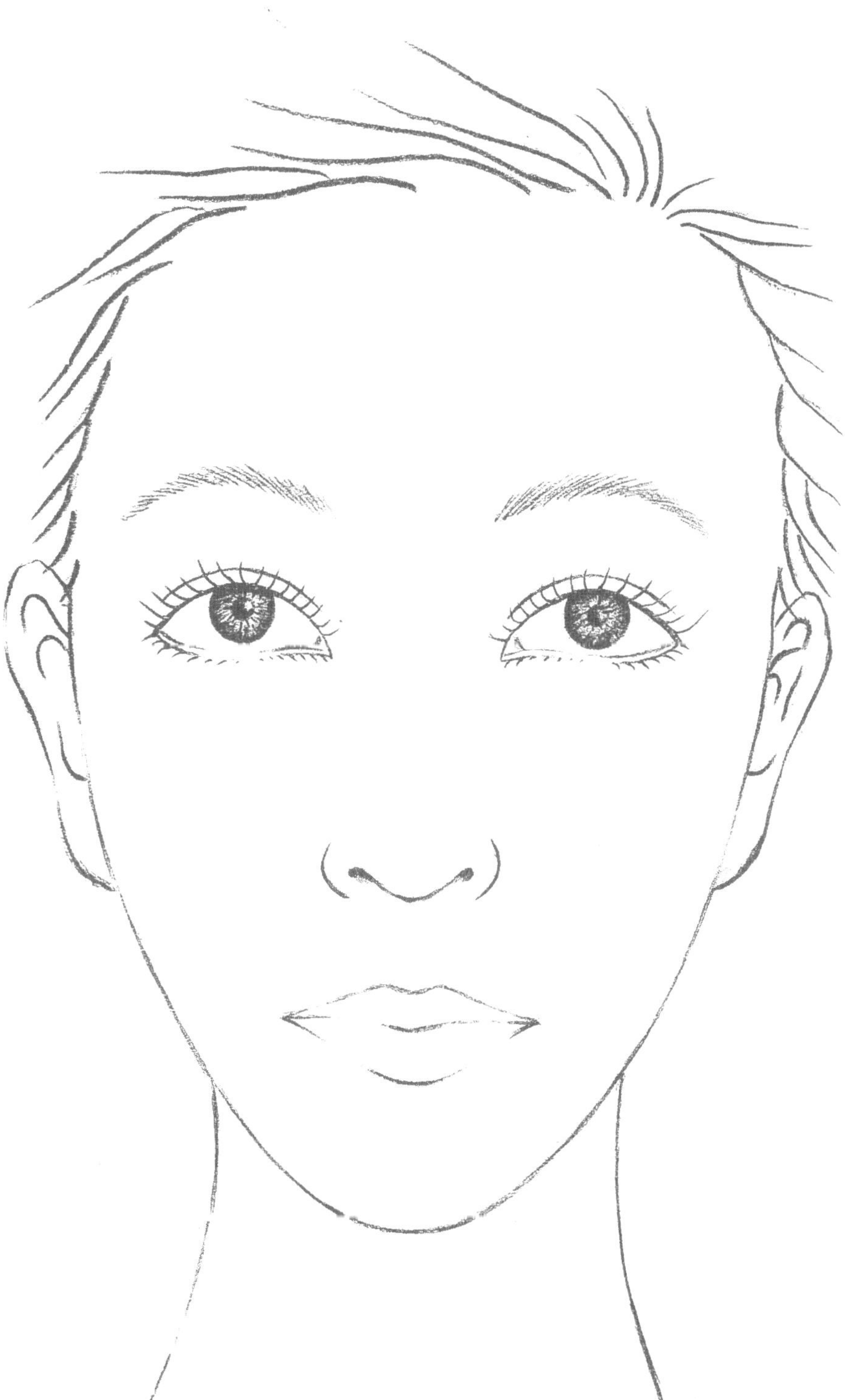

05 역삼각형

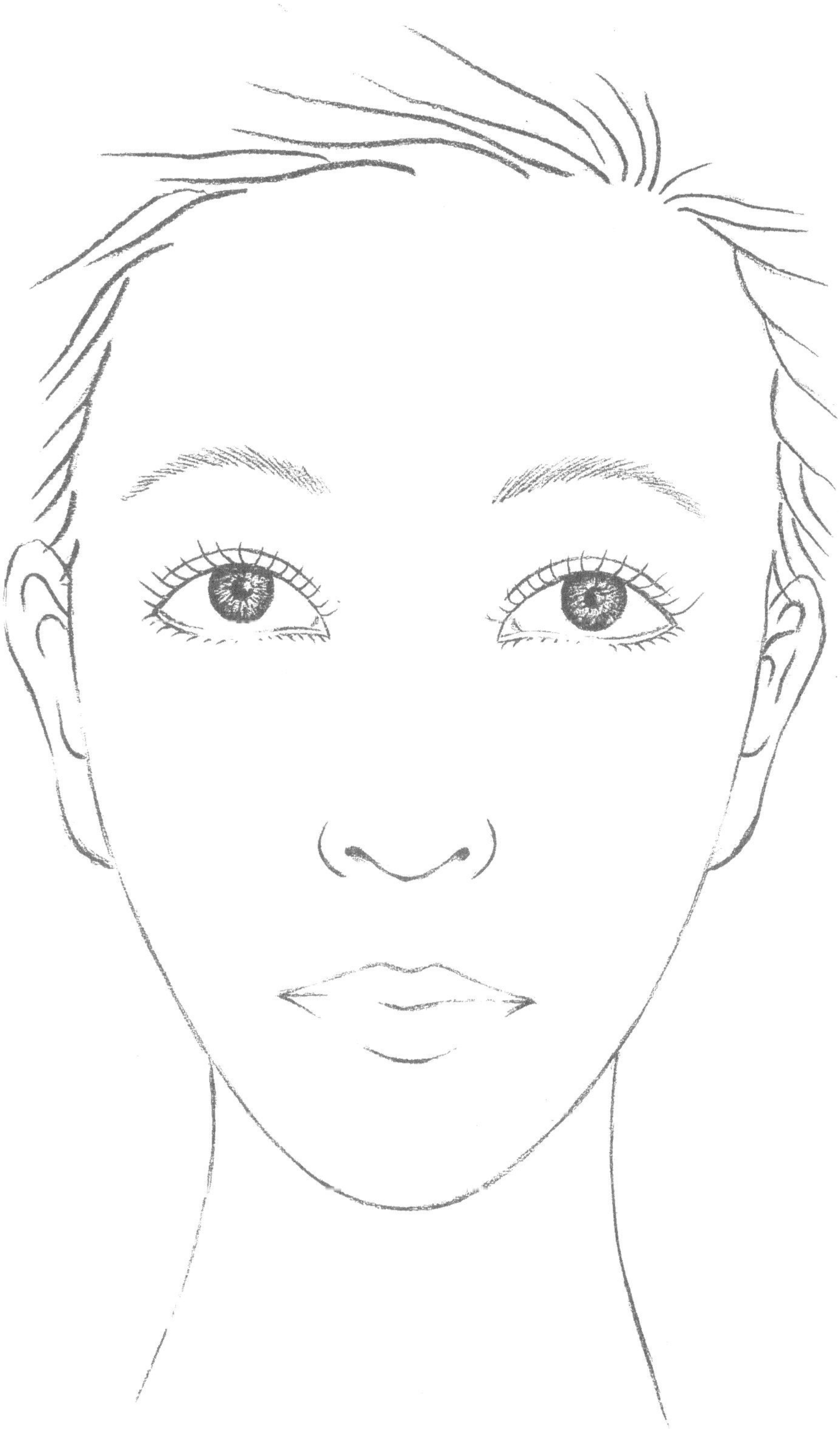

06 다이아몬드형

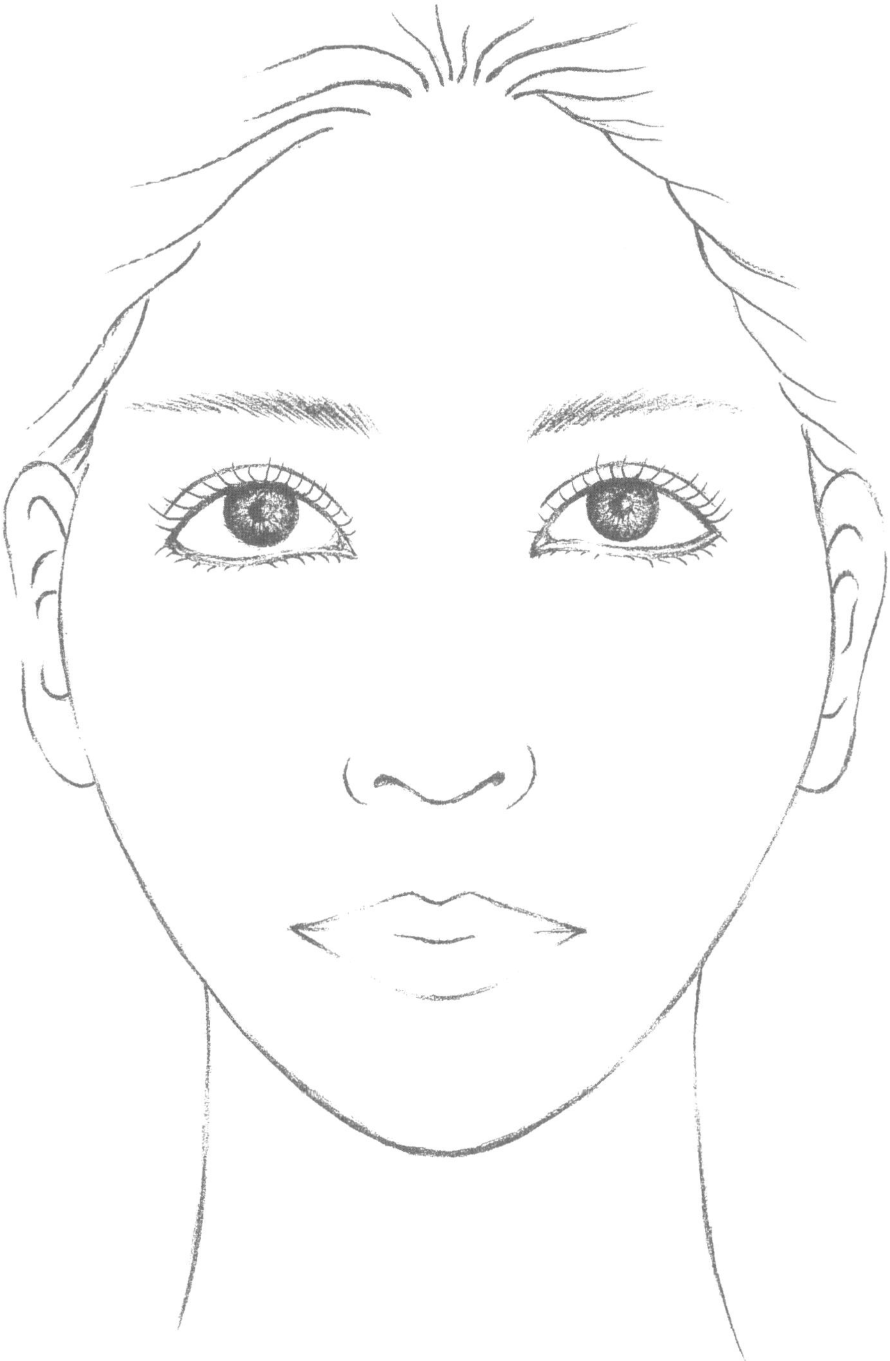

06 다이아몬드형

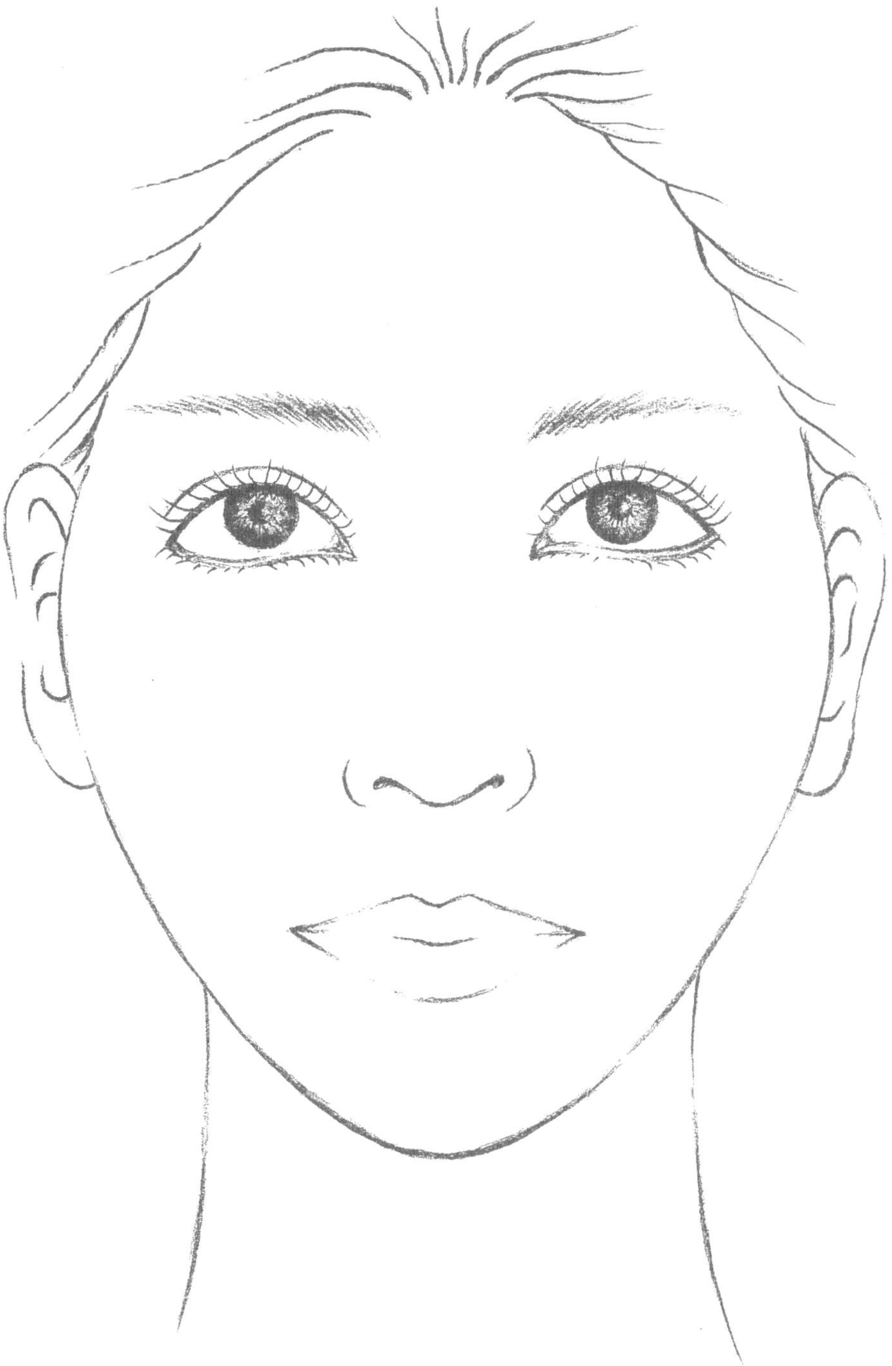

06 다이아몬드형

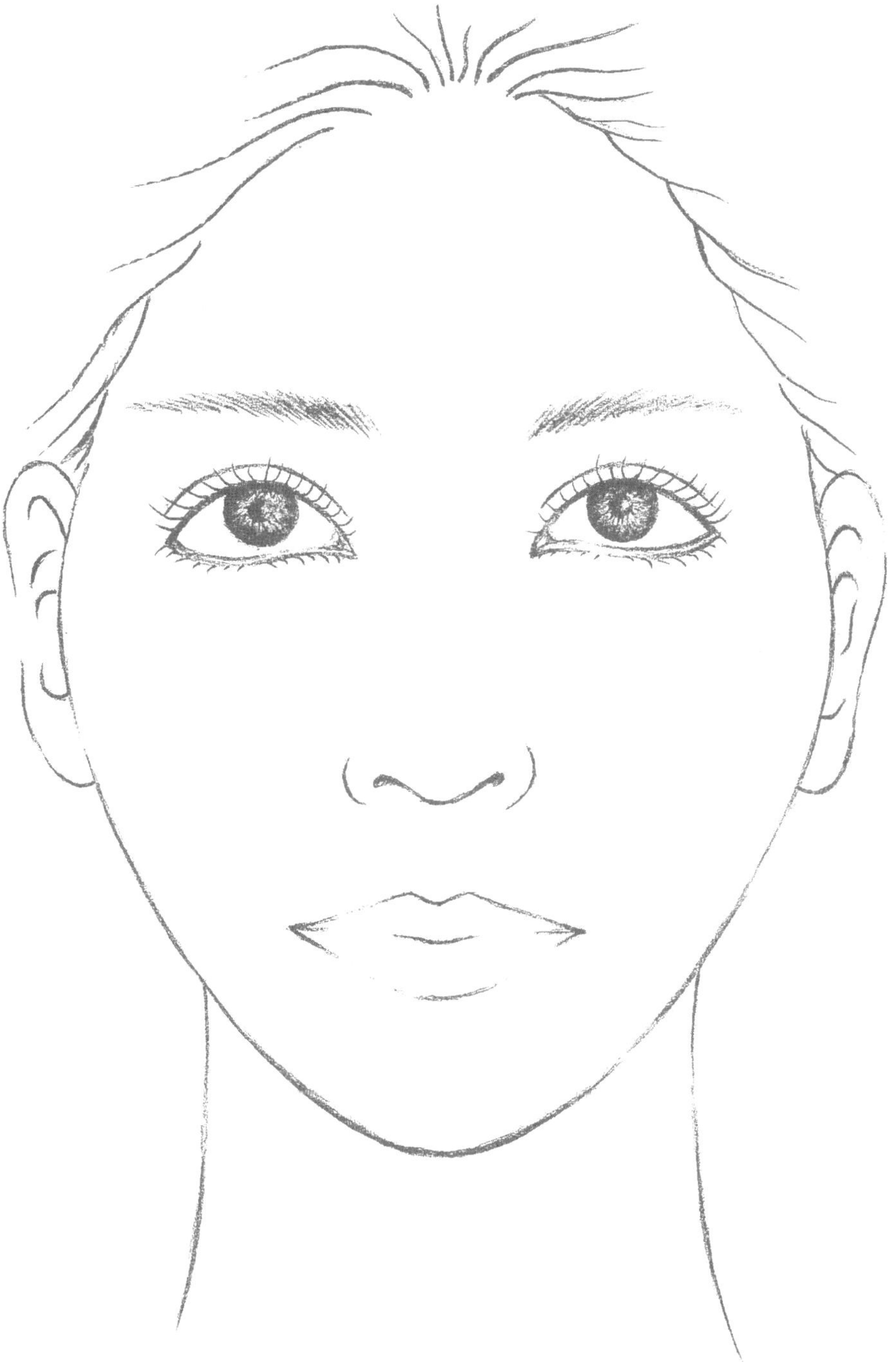

FACE CHART

Makeup Worksheet

년 월 일

▶ 메이크업 테 마 :

▶ 메이크업 이미지 :

▶ 메이크업 포인트 :

▶ 장 소 : ▶ 모 델 : (세)

▶ 메이크업 아티스트 : (인)

▶ 메이크업

• 베이스 메이크업

• 포인트 메이크업

• 피니쉬 메이크업

▶ 코디네이션 (헤어 / 의상 / 소품)

▶ 기타

Makeup Worksheet

년 월 일

▶ 메이크업 테 마 :

▶ 메이크업 이미지 :

▶ 메이크업 포인트 :

▶ 장 소 : ▶ 모 델 : (세)

▶ 메이크업 아티스트 : (인)

▶ 메이크업

• 베이스 메이크업

• 포인트 메이크업

• 피니쉬 메이크업

▶ 코디네이션 (헤어 / 의상 / 소품)

▶ 기타

Makeup Worksheet

년　　월　　일

▶ 메이크업 테　마 :

▶ 메이크업 이미지 :

▶ 메이크업 포인트 :

▶ 장　　소 :　　　　▶ 모 델 :　　　　(　　세)

▶ 메이크업 아티스트 :　　　　(인)

▶ 메이크업

• 베이스 메이크업

• 포인트 메이크업

• 피니쉬 메이크업

▶ 코디네이션 (헤어 / 의상 / 소품)

▶ 기타

Makeup Worksheet

년 월 일

▶ 메이크업 테 마 :

▶ 메이크업 이미지 :

▶ 메이크업 포인트 :

▶ 장 소 : ▶ 모 델 : (세)

▶ 메이크업 아티스트 : (인)

▶ 메이크업

• 베이스 메이크업

• 포인트 메이크업

• 피니쉬 메이크업

▶ 코디네이션 (헤어 / 의상 / 소품)

▶ 기타

Makeup Worksheet

년 월 일

▶ 메이크업 테 마 :

▶ 메이크업 이미지 :

▶ 메이크업 포인트 :

▶ 장 소 : ▶ 모 델 : (세)

▶ 메이크업 아티스트 : (인)

▶ 메이크업

• 베이스 메이크업

• 포인트 메이크업

• 피니쉬 메이크업

▶ 코디네이션 (헤어 / 의상 / 소품)

▶ 기타

Makeup Worksheet

년 월 일

▶ 메이크업 테 마 :

▶ 메이크업 이미지 :

▶ 메이크업 포인트 :

▶ 장 소 : ▶ 모 델 : (세)

▶ 메이크업 아티스트 : (인)

▶ 메이크업

• 베이스 메이크업

• 포인트 메이크업

• 피니쉬 메이크업

▶ 고디네이션 (헤어 / 의상 / 소품)

▶ 기타

Makeup Worksheet

년 월 일

▶ 메이크업 테 마 :

▶ 메이크업 이미지 :

▶ 메이크업 포인트 :

▶ 장 소 : ▶ 모 델 : (세)

▶ 메이크업 아티스트 : (인)

▶ 메이크업

• 베이스 메이크업

• 포인트 메이크업

• 피니쉬 메이크업

▶ 코디네이션 (헤어 / 의상 / 소품)

▶ 기타

Makeup Worksheet

년 월 일

▶ 메이크업 테 마 :

▶ 메이크업 이미지 :

▶ 메이크업 포인트 :

▶ 장 소 : ▶ 모 델 : (세)

▶ 메이크업 아티스트 : (인)

▶ 메이크업

• 베이스 메이크업

• 포인트 메이크업

• 피니쉬 메이크업

▶ 코디네이션 (헤어 / 의상 / 소품)

▶ 기타

Makeup Worksheet

년 월 일

▶ 메이크업 테 마 :

▶ 메이크업 이미지 :

▶ 메이크업 포인트 :

▶ 장 소 : ▶ 모 델 : (세)

▶ 메이크업 아티스트 : (인)

▶ 메이크업

• 베이스 메이크업

• 포인트 메이크업

• 피니쉬 메이크업

▶ 코디네이션 (헤어 / 의상 / 소품)

▶ 기타

Makeup Worksheet

년 월 일

▶ 메이크업 테 마 :

▶ 메이크업 이미지 :

▶ 메이크업 포인트 :

▶ 장 소 : ▶ 모 델 : (세)

▶ 메이크업 아티스트 : (인)

▶ 메이크업

• 베이스 메이크업

• 포인트 메이크업

• 피니쉬 메이크업

▶ 코디네이션 (헤어 / 의상 / 소품)

▶ 기타